暴雨灾害与电网防汛

姚德贵 主编

中国电力出版社
CHINA ELECTRIC POWER PRESS

内 容 提 要

本书在介绍暴雨与洪涝灾害基本概念的基础上，对电网防洪标准，国家、地方政府、国家电网有限公司以及国网河南省电力公司的防汛管理体系、防汛应急管理流程进行系统梳理；对国网河南省电力公司应对特大暴雨灾害的应急处置流程、部门联动机制、后勤保障机制，以及电网防汛抗灾能力专项评估、防汛隐患排查治理、防汛抗灾能力提升、防汛监测预警能力强化等工作的方法和成效进行详细总结；同时系统介绍了变电站防汛风险评价体系和技术方法，以及电网防汛相关的新技术、新装备。

本书可供从事电网防汛管理、洪涝灾害应急处置、应急体系研究、电网防汛能力评价技术研究等工作人员阅读使用。

图书在版编目（CIP）数据

暴雨灾害与电网防汛 / 姚德贵主编 . —北京：中国电力出版社，2023.4
ISBN 978-7-5198-7692-0

Ⅰ.①暴… Ⅱ.①姚… Ⅲ.①电网-暴雨-灾害防治 Ⅳ.① TM727

中国国家版本馆 CIP 数据核字（2023）第 056772 号

出版发行：中国电力出版社
地　　址：北京市东城区北京站西街 19 号（邮政编码 100005）
网　　址：http://www.cepp.sgcc.com.cn
责任编辑：崔素媛（010-63412392）
责任校对：黄　蓓　马　宁
装帧设计：郝晓燕
责任印制：杨晓东

印　　刷：三河市航远印刷有限公司
版　　次：2023 年 4 月第一版
印　　次：2023 年 4 月北京第一次印刷
开　　本：710 毫米 ×1000 毫米　16 开本
印　　张：8.75
字　　数：139 千字
定　　价：58.00 元

前　言

　　2021 年 7 月 17～23 日，河南省遭遇了历史罕见的极端暴雨袭击，中北部地区连续多日降大暴雨，处于暴雨中心区域的郑州、鹤壁、新乡、安阳等地发生严重的洪涝灾害，河南电网停运设备之多、设备受损之重，均创下历史之最。

　　在恢复社会、居民正常电力供应之后，针对此次暴雨洪涝灾害给电网造成的严重损害，国网河南省电力公司痛定思痛，认真分析、详细梳理、深入研究、仔细总结此次抗洪抢险、恢复供电的宝贵经验，组织编写了《暴雨灾害与电网防汛》一书。本书共分 8 章，第 1 章～第 4 章在简要介绍暴雨与洪涝灾害基本概念的基础上，对电网防洪标准，国家、地方政府、国家电网有限公司以及国网河南省电力公司的防汛管理体系、防汛应急管理流程进行了系统梳理；第 5 章总结了国网河南省电力公司应对"7·20"特大暴雨灾害的应急处置流程、部门联动机制、后勤保障机制；第 6 章是国网河南省电力公司对电网防汛抗灾能力专项评估、防汛隐患排查治理、防汛抗灾能力提升、防汛监测预警能力强化等工作的方法、成效的总结；第 7 章、第 8 章对变电站防汛风险评价体系、技术方法，以及电网防汛相关的新技术、新装备进行了系统介绍。

　　本书在编写过程中引用了大量国内外相关研究成果，在此向他们表示感谢。限于编写时间和作者学识，书中难免有不妥之处，敬请同行和广大读者批评指正。

目　录

第1章 暴雨与洪涝灾害

暴雨的发生受到大气环流、天气和气候系统的影响。暴雨发生后，地理环境成为洪水灾害是否发生的主导因素。而暴雨、洪水对社会生产、生活是否造成灾害，则取决于社会经济、人口、防灾减灾能力等诸多因素。

1.1 暴　　雨

1.1.1 暴雨基本概念

雨季是我国暴雨发生的主要时期，我国东部地区在东亚季风的影响下，有季节性大雨带维持并推进，西部地区也具有显著的干季和雨季。暴雨按照 24h 降水量可划分为暴雨、大暴雨和特大暴雨，见表 1-1。

表 1-1　　　　　　　　　　按 24h 降水量的暴雨等级划分

等级	暴雨	大暴雨	特大暴雨
降水量 /mm	≥50	≥100mm	降水量≥250

在实践中，可按照发生和影响范围的大小将暴雨划分为局地暴雨、区域性暴雨、大范围暴雨、特大范围暴雨。局地暴雨历时仅几个小时或几十小时，一般会影响几十至几千平方千米的范围；区域性暴雨一般可持续 3～7 天，影响范围可达 10 万～20 万 km^2，甚至更大。

我国区域性暴雨包括：华南前汛期暴雨、江淮梅雨期暴雨、北方盛夏期暴雨、华南后汛期暴雨、华西秋雨季暴雨和西北暴雨等。

特大范围暴雨历时最长，一般都是多个地区连续多次的暴雨组合，降雨可断断续续地持续 1～3 个月，雨带长时期维持。在区域雨季期内，形成了独特的区域性暴雨，各自具有显著的特点。

1.1.2　暴雨主要特征

我国暴雨的特点是降水集中，强度大，持续时间长，范围广，尤其以梅雨期江淮暴雨区面积最大。具体表现在以下几个方面。

（1）暴雨主要集中发生在5～8月汛期期间。这主要是因为我国夏季的降雨和暴雨深受来自印度洋和西太平洋夏季风的影响。我国大范围的雨季一般开始于夏季风的爆发，结束于夏季风的撤退。降雨强度和变化与夏季风脉动密切相关。

（2）暴雨强度大，极值高。如果与相同气候区中的其他国家相比，我国的暴雨强度是很大的，不同时间长度的暴雨极值都很高。

（3）暴雨持续时间长。我国暴雨持续的时间从几小时到63天，主要暴雨长度是2天到一周。暴雨的持续性是我国暴雨的一个明显特征，无论是华北、长江流域和华南暴雨都有明显的持续性。对于华北半湿润气候区，暴雨可持续2～3天以上，造成持续性特大暴雨过程。

（4）暴雨范围大。根据我国各地区局地暴雨、区域性暴雨、大范围暴雨、特大范围暴雨4类暴雨的统计，在北方以局地暴雨频数为最多；长江流域的暴雨区面积在全国是最大的，雨带多呈东西走向；在华南，暴雨区以区域性暴雨居多，特大范围暴雨也不少见，它们主要由冷锋和热带系统造成。

1. 分布特征

（1）暴雨多年均值地区分布。暴雨的分布可用年最大24h暴雨量均值等值线作代表，50mm线从西藏东南部开始，沿青藏高原东南部北上，经秦岭西段，黄土高原中央，内蒙古阴山，一直延伸到东北大兴安岭。该线的东南方向大多是暴雨区，均值在200mm以上的暴雨高值区有台湾地区和华南沿海地区，其他暴雨较大的地区还有浙江沿海山地、四川盆地西侧和鸭绿江口等地区；该线以西暴雨出现机会很小，新疆南部、西藏北部、内蒙古和青海的西部广大地区不足20mm。该线附近平均每年暴雨（指日雨量在50mm以上）日数大致为1天，而华南沿海地区可达8～10天以上，江南部分地区可达5天，淮河、山东、鸭绿江口为3天左右。宁夏以西的广大西北地区和青藏高原，除个别山峰地区外都在0.1天以下。

（2）暴雨极值分布。短历时暴雨已接近世界最高纪录。最大点雨量极值的东西地区差异较大。以实测和调查最大 3 天点雨量为例，台湾的新寮为2748.6mm，广东、海南、福建、湖北、河南、河北的实测最大值以及内蒙古中部、辽宁西部的调查值都超过了 1000mm，西部青海、新疆的调查值也超过了200mm。由我国实测和调查各历时、各面积的最大雨量（见表 1-2）可知，短历时暴雨的极值受地形影响小，地区分布较为均匀；长历时暴雨极值却出现在东部地区，主要有台湾的热带气旋暴雨、江淮和海河流域的低涡切变线暴雨，大多数暴雨中心与地形分布有关。

表 1-2 中国实测和调查各历时、各面积的最大雨量表

历时	面积 /km^2							
	点	100	300	1000	3000	10000	30000	100000
1h	401^N	267^N	167^N	107^N	41^S			
3h	600^N	447^N	399^N	297^N	120^N			
6h	840^N	723^N	643^N	503^N	360^S	127^N		
12h	1400^N	1050^N	854^N	675^N	570^S	212^N		
24h	1672^S	1200^S	1150^S	1060^S	830^S	435^S	306^S	155^S
3d	2749^S	1730^S	1700^S	1550^S	1270^S	940^S	715^S	420^S
7d	2749^S	1805^N	1720^N	1573^N	1350^S	1200^S	960^S	570^S

（3）暴雨季节变化。暴雨量的季节分布与月降水量正常值分布基本相似，但有所差异。特大暴雨和一般暴雨的季节变化也有差异。逐月最大 1d 暴雨均值分布统计见表 1-3。中国全年各月均有部分测站发生 1 天降雨 200mm 以上的记录，其中 4～11 月超过 500mm，7～10 月超过 1000mm，冬季各月的大暴雨仅出现于从云南到江苏一线以南地区；夏季大暴雨则可出现于绝大多数地区。海河和辽河流域是暴雨发生季节最集中的地区，绝大多数暴雨出现于 7～8 月。东北北部和淮河的暴雨集中程度次之，珠江流域、江南和新疆西北部最为均化。

表 1-3 逐月最大 1d 暴雨均值分布统计表

出现月份	出现地区
6 月	江南、华南、新疆西北部
7 月	从东北到华北东部、淮河延伸到云南，以及新疆东南地区

续表

出现月份	出现地区
8月	东北东部、黄河流域、青藏高原广大地区和台湾地区
9月	东南沿海及海南省

（4）暴雨年际变化。我国暴雨量的年际变化很大，年最大24h点雨量的变化系数 $C_{v,24h}$，南方地区在0.5左右，北方地区可达0.6以上，西北干旱地区在0.8甚至1.0以上。暴雨的变差系数 C_v 随历时的变化趋势有地区差异。在湿润地区，长历时暴雨的 C_v 大于短历时暴雨的 C_v，而干旱地区短历时暴雨的 C_v 值则较大。特短历时暴雨的变差系数 C_v 值的地区差异比长历时暴雨的大，从华南沿海的0.3以下变化到沙漠地区的1.0以上。

2. 灾害特征

暴雨灾害的种类主要有流域性或区域性洪涝、城市内涝以及暴雨引发的山地灾害等。大范围持续性暴雨，容易引发流域性或区域性洪涝；在气候变暖的大背景下，局地性极端暴雨灾害频发多发，频频出现"城市看海"的景象。

暴雨灾害的发生具有季节性，与暴雨的分布特征类似。就地域而言，暴雨灾害也有着明显的区域性特征。暴雨灾害主要发生在第二阶梯和第三阶梯。第一阶梯为青藏高原，基本上很少出现暴雨，因而暴雨灾害发生的机会很小。第二阶梯有高原、山地和盆地，其东侧也是我国的重要暴雨带，由于地形地貌等原因，暴雨多会引发山洪、泥石流和滑坡等灾害，尤其是在西南地区和西北地区东南部都是地质灾害多发重发区。第三阶梯由平原、丘陵和低山组成，多河流分布，我国的大暴雨大多分布在此，是暴雨洪涝灾害最为频发的区域。

自20世纪90年代以来，随着经济的快速发展，暴雨灾害造成的直接经济损失也有增加趋势（见图1-1），但相对损失（即直接经济损失占当年国内生产总值的比重）显著下降（见图1-2）。就死亡人数而言，在1998年以前呈上升趋势，随后呈下降趋势，总体来说，从20世纪90年代以来暴雨灾害造成的人员伤亡呈减少趋势（见图1-3）。其原因一方面反映出我国防灾减灾能力提高；另一方面则是由于流域性洪水减少，难以造成大范围的经济损失和人员伤亡。值得注意的是，在气候变暖的背景下，极端事件趋多趋强，局地性暴雨灾害频发多发，引发山洪、滑坡、泥石流等次生灾害，造成损失。

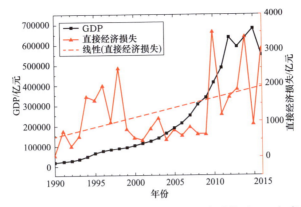

图 1-1　暴雨灾害直接经济损失和国内生产总值（GDP）变化

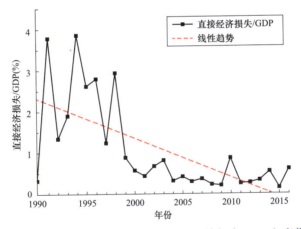

图 1-2　暴雨灾害相对经济损失（直接经济损失 /GDP）变化

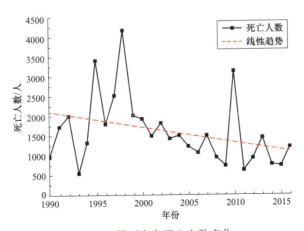

图 1-3　暴雨灾害死亡人数变化

1.1.3   暴雨预警

对于灾害性事件，及时准确地进行预警，才能采取有效防御措施，减少损失。在整个气象灾害的应急服务系统中，灾害预警信号的发布是基本而关键的一环。为了规范气象灾害预警信号的发布与传播，防御和减轻气象灾害，保护国家和人民生命财产安全，中国气象局制定了《气象灾害预警信号发布与传播办法》。预警信号的级别依据气象灾害可能造成的危害程度、紧急程度和发展态势一般划分为Ⅳ级（一般）、Ⅲ级（较重）、Ⅱ级（严重）、Ⅰ级（特别严重）4级，依次用蓝色、黄色、橙色和红色表示，同时以中英文标识。根据我国气象局制订的《气象灾害预警信号及防御指南》，暴雨预警信号等级标准及图标见表1-4。

表 1-4   暴雨预警信号等级标准及图标

预警等级	标准	图标
蓝色预警	12h 内降雨量将达 50mm 以上，或者已达 50mm 以上且降雨可能持续	暴雨 蓝 RAIN STORM
黄色预警	6h 内降雨量将达 50mm 以上，或者已达 50mm 以上且降雨可能持续	暴雨 黄 RAIN STORM
橙色预警	3h 内降雨量将达 50mm 以上，或者已达 50mm 以上且降雨可能持续	暴雨 橙 RAIN STORM
红色预警	3h 内降雨量将达 100mm 以上，或者已达 100mm 以上且降雨可能持续	暴雨 红 RAIN STORM

为了规范河南省级气象灾害预警种类、级别、阈值及预警发布工作，防御

和减轻气象灾害，保护人民生命财产安全，河南省气象局依据相关法律法规和中国气象局有关预警业务规定，制定了《河南省级灾害预警发布办法（试行）》。办法规定，根据暴雨灾害可能造成的危害和紧急程度，暴雨气象灾害预警设为 4 个级别，分别用蓝色、黄色、橙色、红色表示，对应Ⅳ级（一般）、Ⅲ级（较重）、Ⅱ级（严重）、Ⅰ级（特别严重），Ⅰ级为最高级别。暴雨气象灾害预警时效为 24h，具体暴雨灾害预警标准见表 1-5。

表 1-5　　　　　　　　　　　河南省暴雨灾害预警标准

预警等级	标准	备注
蓝色预警	预计未来 24h 全省将有 30 个以上县（市、区）出现 50mm 以上降雨	包含本数
黄色预警	预计未来 24h 全省将有 30 个以上县（市、区）出现 100mm 以上降雨；或者过去 24h 全省已有 30 个以上县（市、区）出现 50mm 以上降雨，预计未来 24h 上述县（市、区）仍将出现 50mm 以上降雨	包含本数
橙色预警	预计未来 24h 全省将有 30 个以上县（市、区）出现 100mm 以上降雨，其中 5 个以上县（市、区）出现 250mm 以上降雨；或者过去 24h 全省已有 30 个以上县（市、区）出现 100mm 以上降雨，其中 1 个以上县（市、区）出现 250mm 以上降雨，预计未来 24h 上述县（市、区）仍有 10 个以上将出现 50mm 以上降雨	包含本数
红色预警	预计未来 24h 全省将有 30 个以上县（市、区）出现 100mm 以上降雨，其中 10 个以上县（市、区）出现 250mm 以上降雨；或者过去 24h 全省已有 30 个以上县（市、区）出现 100mm 以上降雨，其中 5 个以上县（市、区）出现 250mm 以上降雨，预计未来 24h 上述县（市、区）仍有 10 个以上将出现 100mm 以上降雨	包含本数

1.2　洪　涝　灾　害

1.2.1　洪水

1. 洪水分类

（1）按洪水发生的规模分。按洪水发生的规模不同，我国洪水可分为跨流域洪水、流域性洪水、区域性洪水及局部性洪水。

1）跨流域洪水。一般是指相邻流域多个河流水系内，降雨范围广、持续时间长，主要干支流均发生的不同量级的洪水。

2）流域性洪水。一般是指本流域内降雨范围广、持续时间长，主要干支流均发生的不同量级的洪水。

3）区域性洪水。一般是指降雨范围较广，持续时间较长，致使部分干支流发生的较大量级的洪水。

4）局部性洪水。一般是指局部地区发生的短历时强降雨过程而形成的洪水。

（2）按照洪水的成因分。按洪水的成因不同，我国的洪水通常可分为暴雨洪水、山洪泥石流、冰凌洪水、融冰融雪洪水、风暴潮洪水和溃坝（堤）洪水等不同类型。另外还有混合型洪水，如降雨与融雪叠加形成雨雪混合型洪水、融冰与融雪叠加形成冰雪混合型洪水等。在我国，虽然上述各类型洪水均有发生，但暴雨洪水发生最为频繁、量级最大、影响范围最广。暴雨洪水是由降雨形成的洪水，简称雨洪。暴雨洪水是我国可能发生的各类洪水中最主要、最常见的洪水，主要由降雨的各种因素决定，同时也受其他因素的影响。如果暴雨发生在山区，就会产生山洪、泥石流；出现在平原洼地，就会形成雨涝；出现在黄土高原、滥垦滥伐和水土流失严重地区，产生洪水的含沙量就会很大。一般来说，降雨量越大、强度越高、范围越广、历时越长，所形成的暴雨洪水自然会洪峰高、总量大、历时长；反之就会较小。如果暴雨中心位置沿着大江大河干流的走向从上游向下游移动，就会形成全流域性的特大洪水。暴雨洪水在我国分布很广，尤其是大陆东南部的广大地区，雨量较多，产生的暴雨洪水也最多，灾害也最大。从全国来看，我国的暴雨洪水主要有以下特点：①季节性强（主要出现在夏季，每年4～9月是汛期，南方汛期最早，依次向北转移）；②洪峰流量大；③年际变化无常，变化幅度的地区差别很大，尤其是北方；④规模不同，有局地洪水、区域性洪水、流域性洪水之分，有时雨区跨越流域，相邻流域会同时发生洪水。

2. 洪水等级与标准

（1）洪水等级划分。按洪水出现的稀有程度，来确定它的大小和等级，在数理统计学上称为概率，在水文学上则习惯称为频率，属于洪水要素方面的，称为洪水频率，常以%表示。水文上一般采用0.01%、0.1%、1%、10%、20%来衡量不同量级的洪水，洪水频率越小，表示某一量级以上的洪水出现的机会越少，则降水量、洪峰流量、洪量等数值越大；反之，出现的机会越多，则相应的数值越小。水文上除采用洪水频率定量的衡量洪水的大小外，也常用重现期（以年为单位）来描述。重现期是指（洪水变量）大于或等于某随机变量，在很长时期内平均 N 年出现一次（即 N 年一遇）。这个平均重现间隔期即重现期，用 N 表示。在防洪、排涝研究暴雨洪水时，频率 P（%）和重现期 N（年）存在下列关系，即

$$N = \frac{1}{P} \text{ 或 } P = \frac{1}{N} \times 100\% \qquad (1-1)$$

式中　N——降雨、洪水等平均重现间隔，即重现期，年；

　　　P——降雨、洪水等重现的频率，%。

我国七大江河的流域性洪水、区域性洪水和局部性洪水的定义和量化指标，是以七大江河水系分区划分及洪水量级划分标准为基础形成的。根据《水文情报预报规范》（GB/T 22482—2008），洪水量级划分见表1-6。

表 1-6　　　　　　　　　　　　洪水量级划分

量级	小洪水	中等洪水	大洪水	特大洪水
重现期 N/ 年	$N<5$	$5 \leqslant N<20$	$20 \leqslant N<50$	$50 \leqslant N$

跨流域洪水是指相邻流域2个或2个以上水系分区内，连续发生多场大范围降雨过程，发生洪水的水系分区主要干支流均发生不同量级的洪水。跨流域洪水的判别以七大江河水系分区的洪水判别标准为基础，但不设置区域性洪水和局部性洪水的判别标准。

1）跨流域特大洪水。指相邻流域2个或2个以上水系分区，至少有1个水系分区发生的洪水重现期≥50年，其他水系分区的洪水重现期为20～50年。

2）跨流域大洪水。指相邻流域2个或2个以上水系分区，至少有1个水系分区发生的洪水重现期为20～50年，其他水系分区的洪水重现期为5～20年。

（2）洪水标准。在水利水电工程设计中，不同等级的建筑物所采用的按某种频率或重现期标示的洪水称为洪水标准，包括洪峰流量和洪水总量。防洪工程中的洪水标准是根据工程规模、失事后果、防护对象的重要性以及社会、经济等综合因素，由国家制订统一规范确定的。

1）可能最大洪水。可能最大洪水（Probable Maximum Flood，PMF）是指河流断面可能发生的最大洪水，这种洪水由最恶劣的气象和水文条件组合形

成，是永久性水工建筑物非常运用情况下最高洪水标准的洪水。可能最大洪水有水文气象法和数理统计法两类估算方法。

2）设计洪水。设计洪水是指符合工程设计中洪水标准要求的洪水。设计洪水包括水工建筑物正常运用条件下的设计洪水和非常运用下的校核洪水，是保证工程安全的最重要的设计依据之一。

3）校核洪水。校核洪水是指符合水工建筑物校核标准的洪水。校核洪水反映水工建筑物非常运用情况下所能防御洪水的能力，是水利水电工程规划设计的一个重要指标。

1.2.2　洪涝灾害

当洪水、涝渍威胁到人类安全，影响到社会经济活动并造成损失时，通常就说发生了洪涝灾害。洪涝灾害是自然界的一种异常现象，一般包括洪灾和涝渍灾，目前中外文献还没有严格的"洪灾"和"涝渍灾"定义，一般把气象学上所说的年（或一定时段）降雨量超过多年同期平均值的现象称之为涝。

洪灾一般是指河流上游的降雨量或降雨强度过大、急骤融冰化雪或水库垮坝等导致的河流突然水位上涨和径流量增大，超过河道正常行水能力，在短时间内排泄不畅，或暴雨引起山洪暴发、河流暴涨漫溢或堤防溃决，形成洪水泛滥造成的灾害。渍灾主要是指当地地表积水排出后，因地下水位过高，造成土壤含水量过多，土壤长时间空气不畅而形成的灾害，多表现为地下水位过高，土壤水长时间处于饱和状态，导致作物根系活动层水分过多，不利于作物生长，使农作物减收。实际上涝灾和渍灾在大多数地区是互相共存的，如水网圩区、沼泽地带、平原洼地等既易涝又易渍，山区谷地以渍为主，平原坡地则易涝。因此，不易把它们截然分清，一般把易涝易渍形成的灾害统称涝渍灾害。

1. 按直接与间接分类

洪涝灾害可分为直接灾害和次生灾害。在灾害链中，最早发生的灾害称原生灾害。

（1）直接灾害。洪涝直接灾害要是洪水直接冲击破坏、淹没所造成的危害。如：人口伤亡、土地淹没、房屋冲毁、堤防溃决、水库垮塌；交通、通信、供水、供电、供油（气）中断；工矿企业、商业、学校、卫生、行政、事业单位停课停工停业以及农林牧副渔减产减收等。

（2）次生灾害。是指在某一原发性自然灾害或人为灾害直接作用下连锁反应所引发的间接灾害。暴雨、台风引起的建筑物倒塌、山体滑坡、风暴潮等间接造成的灾害都属于次生灾害。次生灾害对灾害本身有放大作用，它使灾害不断扩大延续，如一场大洪灾来临，首先是低洼地区被淹，建筑物浸没、倒塌，然后是交通、通信中断，接着是疾病流行、生态环境的恶化，而灾后生活生产资料的短缺常常造成大量人口的流徙，增加了社会的动荡不安，甚至严重影响国民经济的发展。

2. 按照地貌特征分类

按照地貌特征，城市或设施洪涝灾害可分为傍山型、沿江型、滨湖型、滨海型及洼地型 5 种类型。

（1）傍山型。城市或设施建于山口冲积扇或山麓，在降水量较大或大量融雪时，易形成冲击力极大的山洪和泥石流、滑坡等地质灾害，导致重大人员伤亡和财产损失。

（2）沿江型。城市或设施靠近大江大河，一旦决堤会被淹没，特别是上游的危险水库一旦垮坝，就非常危险。

（3）滨湖型。城市或设施位于湖滨，汛期水位高涨时低洼地遭受水灾、下风侧湖面水位壅高不利于排水，易加重内涝。

（4）滨海型。城市或设施位于海滨，地势低平，因各种因素引起严重内涝、风暴潮、海啸等洪涝灾害。

（5）洼地型。城市或设施建于平原低洼或排水困难地区，雨后积水不能及时排泄而形成。

3. 按照城市或设施洪涝灾害特点分类

按照城市或设施洪涝灾害特点，又可分为洪水袭击型、沥水型、洪涝并发型及洪涝发生灾害型 4 种类型。

（1）洪水袭击型。指因暴雨、风暴潮、山洪、融雪、冰凌等不同类型洪水形成的灾害，其共同的特点是冲击力大。

（2）沥水型。指降水产生的积水排泄不畅和不及时，使城市受到浸泡造成的灾害。

（3）洪涝并发型。指城市或设施同时受到洪水冲击和地面积水浸泡造成的灾害。

（4）洪涝发生灾害型。指洪涝灾害对工程设施、建筑物、道路桥梁、通信设施以及人民生命财产造成损害，特别是造成城市生命线事件、交通事故、斜坡地质灾害、公共卫生事件及环境污染等。

1.3　暴雨与洪涝灾害对电网设施的影响

暴雨影响电网的途径可以归结为雨闪破坏绝缘发生短路故障，局部内涝导致变电站、配电室等全停，以及暴雨引发山洪、泥石流、滑坡等次生地质灾害引起线路杆塔坍塌、变电站冲毁等机械故障 3 种类型。

雨闪主要集中在变电设备，这些设备大多较高，伞裙较密，伞间距小，直径较大且上细下粗，导致上部伞裙流下的雨水与下部伞裙形成"雨水桥"而发生闪络。超高压变电设备瓷套和换流站瓷套是发生雨闪的主要元件。由于雨水的冲刷作用，由短时强降雨产生的"雨水桥"是雨闪的决定性因素，因而雨闪一般在暴雨后的数分钟内发生。值得注意的是，雨闪放电电压与降雨强度呈明显的负相关关系，因此，随着降雨强度的增大，发生雨闪的概率增加，位置越高、直径越大的设备，受雨表面积也越大，发生雨闪概率就越高，越高电压等级的套管在相同条件下越容易发生雨闪。

内涝是降雨量与城市排水系统博弈的结果。一方面，城市范围在急剧扩大过程中引起城市所在的小流域下垫面内不透水面积不断增加，透水面积不断减少，导致城市地表的产流系数增大，在同样降雨的条件下，地表流动的水体增加，而城市的主干排水设施没有相应增加，排水不畅必然导致内涝成灾；另一方面，我国城市防涝设施标准偏低。长期以来，由于受资金渠道不畅的制约，我国城市防洪排涝设施的规划设计思想受到束缚，主张因陋就简、量力而行的多，坚持尽力而为、高标准建设防洪排涝设施的少，加之有些城市防洪排涝设施的规划建设与流域性防洪设施的规划建设脱节，甚至在同一城市中，已建设起来的各种设施之间防洪排涝能力不配套，导致综合效益低。根据暴雨内涝局部性、持续性的特点，其引起的电网安全事故呈现电压等级较低（主要集中在配电网）、影响范围较小，损失负荷少但持续时间长的特点。图 1-4 和图 1-5 所示分别为被洪水冲击的变电站和洪水中的线路杆塔。

图 1-4 被洪水冲击的变电站

图 1-5 洪水中的线路杆塔

　　由暴雨诱发的山洪、滑坡、泥石流等次生地质灾害，往往不以单一形式出现，而是由 2 种及以上的灾害先后或同时出现。一种地质灾害的发生，往往伴生其他的地质灾害或在滞后过程中引发其他的地质灾害。泥石流与滑坡的伴生过程最为明显：泥石流形成的主要因素之一就是松散物质的供应，而滑坡的形成正好满足这种条件，并且两者形成的主要触发因素都是强降雨，都有丰沛的水源供应。因此，在松散物质覆盖层较厚的山区，发生泥石流的同时，一般都伴随有滑坡的发生；泥石流堆积扇区是巨厚层堆积层，雨水冲刷或侵蚀的影响下，具备了滑坡的要素，因此，许多滑坡就是在泥石流的基础上形成的。携带有少量泥沙的山洪，已经具备了形成滑坡和泥石流的触发条件。山洪在溪沟中的快速运动，对周围的坡体有着巨大冲击和侵蚀作用。当水流的冲击和侵蚀作用足够强，以及附近有不稳定的滑坡体时，就会引发滑坡；当水流对沟道的冲蚀，使得水流含有大量的沙粒、砾石等物质时，就会诱发泥石流的产生。暴雨诱发次生地质灾害的破坏对象往往是高电压等级的输电杆塔、变电站，且破坏性强，其引起的电网安全事故呈现电压等级高、影响范围大、损失负荷多、影响主网安全稳定的特点。图 1-6 所示为被洪水冲刷暴露的杆塔基础。

图 1-6　被洪水冲刷暴露的杆塔基础

第 2 章 电 网 防 洪 标 准

防洪标准是在权衡防洪保护对象的重要性和采取防御洪水措施的经济合理性后，制定的防御不同等级洪水的标准。防洪保护对象越重要，防洪标准相对越高，但过高的防洪标准将影响工程的经济合理性，所以防洪标准在电力工程规划、设计、施工和运行管理中发挥着重要作用。

2.1 防洪基本概念与防洪体系

2.1.1 基本概念

1. 防洪

防洪是防御洪水危害人类的对策、措施和方法，多指汛期到来之前，组织建造的河堤、堤坝、清淤等工程建设以及帐篷、救生衣、舟船等储备物资，侧重于措施和方法。

2. 防洪水位

水位是防洪保安的重要考核指标。

（1）河道堤防防洪特征水位。堤防是一种挡水建筑物。在江河两岸修建堤防，其目的在于约束洪水，使其安全下泄。河道防汛主要分为设防水位、警戒水位、保证水位及分洪水位 4 项。

1）设防水位。是指当江河洪水漫滩后，堤防开始临水，需要防汛人员巡查防守时的规定水位，这一水位由防汛部门根据历史资料和堤防实际情况确定。

2）警戒水位。是指堤防临水到一定深度，有可能出现险情，需要防汛人员上堤巡堤查险，做好抗洪抢险准备的警惕戒备水位。

3）保证水位。是指汛期堤防工程及其他附属建筑物能够保证安全挡水的上限洪水位，又称防汛保证水位，是经过上级主管部门批准的设计防洪水位或历史上防御过的最高水位。

4）分洪水位。是指当汛期河道上游洪水来量超过下游河道安全保证标准时，为保下游、保大局安全，需要向蓄滞洪区分泄部分洪水时的水位。

（2）水库特征水位。水库工程为完成不同任务，不同时期和各种情况下需控制达到或允许消落的各种库水位称为水库特征水位。《水电工程动能设计规范》（NB/T 35061—2015）规定了水库特征水位主要有死水位、正常蓄水位、防洪限制水位、防洪高水位、设计洪水位及校核水位。水库特征水位和特征库容示意图如图 2-1 所示。

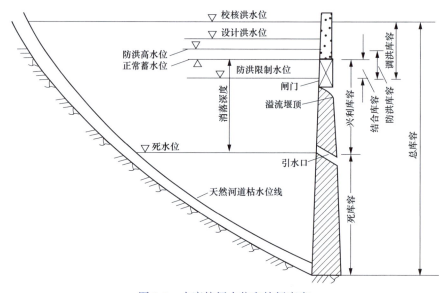

图 2-1　水库特征水位和特征库容

1）死水位。是指水库正常运用情况下允许水库消落到最低的水位。

2）正常蓄水位。是指水库在正常运用的情况下，为满足设计的兴利要求，在供水期开始时应蓄到的水位，又称设计兴利水位。

3）防洪限制水位。是指水库在汛期允许蓄水的上限水位，它可根据洪水特征和防洪要求，在汛期不同时段分期拟定。

4）防洪高水位。是指当遇到下游防护对象的设计洪水位时，水库（坝前）为控制下泄流量而拦蓄洪水，在坝前达到的最高水位。

5）设计洪水位。是指水库遇到大坝的设计洪水时，在坝前达到的最高水位。

6）校核水位。是指水库遇到校核洪水时，在坝前达到的最高水位。

2.1.2　防洪减灾体系

防洪减灾体系主要由政策体系、措施体系、行政体系和社会辅助体系构成。政策是防洪减灾措施体系和行政体系建设的前提和依据；行政体系是执行政策、组织、领导措施建设和减灾行动的主体；社会辅助体系指为上述 3 个体系建设和运行提供支持、服务的体系。

目前，我国的大江大河已基本上形成了以河道堤防为基础，以江河控制性水库和枢纽为骨干，辅以蓄滞洪区、配合水土保持、生态环境保护等措施的综合防洪工程体系。其中工程体系主要包括河道堤防、水库、蓄滞洪区等工程措施；非工程体系主要包括雨水情测报、通信预警、洪水调度决策、洪水管理、法律法规等措施。

1. 防洪工程体系

防洪工程体系也称防洪工程措施，主要包括建筑堤防、防洪墙、分洪工程、河道整治工程、水库等手段，此外，还有生态环境措施和洪水资源化工程措施等。水土保持也具有一定蓄水、拦沙、减轻洪患的作用。

防洪工程措施对洪水的作用可归纳为挡、泄、蓄 3 种：①挡，主要是运用工程措施挡住洪水对保护对象的侵袭；②泄，主要是增加河道的泄水能力，如修筑堤防、开辟分洪道、整治河道等措施对防御常遇洪水较为经济，容易实行，得到广泛采用；③蓄，主要是拦蓄（滞）调节洪水，削减洪峰，为下游减少防洪负担。水库具有调蓄洪水能力，用水库蓄洪一般可以结合水资源开发利用，发挥综合效益，故成为近代河流治理开发中普遍采用的措施。

防洪工程措施是洪水管理的基础，在防洪减灾中取得明显效果。但防洪工程措施并不能解决全部的防洪问题，其原因有以下几方面：①多数工程防御标准不高，提高标准在经济上不现实，而又存在超标准洪水发生的潜在可能性；②防洪工程特别是带有控制性的大型工程投资大、建设周期长、占地多，移民和环境问题突出；③洪泛区开发利用不尽合理，管理较差，人口和财产的迅速增长等使得防洪工程措施在面临巨大的工程资金投入的同时，洪灾频频发生，经济损失持续上升。

通过多年来的规划建设，我国已经初步建成了标准适度、功能合理的防洪工程体系，防洪工程的整体减灾能力有了明显的提高。但是，目前我国大江大河的防洪标准仍然不高，堤防、水库不配套，蓄滞洪区建设严重滞后，工程体系调控能力不强，水利工程隐患多，病险水库数量庞大，中小河流缺乏综合治理，城市防洪体系不健全，缺乏统一的规划建设，工程蓄水能力不足。因此必须着眼长远，从提高防洪工程能力入手，全面规划、综合治理、完善防洪抗旱工程体系。

2. 防洪非工程体系

防洪非工程体系亦指防洪非工程措施，主要是指通过防洪法规、政策、体制、研究投入、管理、科学技术等手段，来减少洪灾损失的措施。它并不改变洪水的天然特性，而是力求减小洪水灾害的影响，减少洪水的破坏和洪水所造成的损失。

防洪非工程措施主要内容有防洪组织管理体系的建立、洪水预报和调度、洪水警报、洪泛区管理、洪水保险、河道清障、河道管理、超标准洪水防御措施，以及相关法令、政策、经济等防洪工程以外的手段。防洪非工程措施虽不能直接改变洪水存在的状态，但可以预防和减免洪水的侵袭，更好地发挥防洪工程的效益，减轻洪灾损失。它是在工程措施不足以解决洪水灾害的背景下提出的，因此在一定意义上是防洪工程措施的补充。非工程措施侧重于规范人的防洪行为、洪水风险区内的开发行为和减轻或减缓洪水灾害发生后的影响，体现了人类尊重洪水规律、主动协调人与洪水关系的自然观和社会发展观。

概括起来，防洪非工程措施的主要作用如下。

（1）通过加强江河湖泊及防洪工程管理，做好防洪准备工作。

（2）通过完善防汛抗旱指挥系统，全面提升防洪抗旱能力。

（3）通过完善相关法律法规的制定，加强法治宣传教育工作，促进依法行政。

（4）通过制订和完善防洪抗旱预案，提高洪水灾害的反应与处置能力。

（5）通过加大洪水干旱预警预报系统，为防御水旱灾害提供技术支撑。

（6）通过建立完善的防洪抗旱物资储备制度与反应迅速的抢险队伍，保障防汛抗旱工作的进行。

2.2 电网设施防洪标准

2.2.1 基本规定

工程项目及设施设备防洪标准是指各种防洪保护对象或工程本身要求达到的防御洪水的标准。在一般情况下，当实际发生的洪水不大于防洪标准的洪水时，通过防洪工程的正确运用，能保证工程本身或保护对象的防洪安全。《防洪标准》（GB 50201—2014）对我国防洪保护区、工矿企业、交通运输设施、电力设施、环境保护设施、通信设施、文物古迹和旅游设施、水利水电工程等防护对象，防御暴雨洪水、融雪洪水、雨雪混合洪水和海岸、河口地区防御潮水的规划、设施、施工和运行管理等相关工作做出了相应的规范规定。

（1）防护对象的防洪标准应以防御的洪水或潮水的重现期表示；对于特别重要的防护对象，可采用可能最大洪水表示。防洪标准可根据不同防护对象的需要，采用设计一级或设计、校核两级。

（2）各类防护对象的防洪标准应根据经济、社会、政治、环境等因素对防洪安全的要求，统筹协调局部与整体、近期与长远及上下游、左右岸、干支流的关系，通过综合分析论证确定。有条件时，宜进行不同防洪标准所可能减免的洪灾经济损失与所需的防洪费用的对比分析。

（3）同一防洪保护区受不同河流、湖泊或海洋洪水威胁时，宜根据不同河流、湖泊或海洋洪水灾害的轻重程度分别确定相应的防洪标准。

（4）防洪保护区内的防护对象，当要求的防洪标准高于防洪保护区的防洪标准，且能进行单独防护时，该防护对象的防洪标准应单独确定，并应采取单独的防护措施。

（5）当防洪保护区内有两种以上的防护对象，且不能分别进行防护时，该防洪保护区的防洪标准应按防洪保护区和主要防护对象中要求较高者确定。

（6）对于影响公共防洪安全的防护对象，应按自身和公共防洪安全两者要求的防洪标准中较高者确定。

（7）防洪工程规划确定的兼有防洪作用的路基、围墙等建筑物、构筑物，其防洪标准应按防洪保护区和该建筑物、构筑物的防洪标准中较高者确定。

（8）下列防护对象，经论证可提高或降低防洪标准：①遭受洪灾或失事后损失巨大、影响十分严重的防护对象，可提高防洪标准；②遭受洪灾或失事后损失和影响均较小、使用期限较短及临时性的防护对象，可降低防洪标准。

（9）按标准规定的防洪标准进行防洪建设，经论证确有困难时，可在报请主管部门批准后，分期实施、逐步达到。

2.2.2 电网设施防洪标准

1. 变电设施防洪标准

《防洪标准》（GB 50201—2014）中对高压、超高压和特高压变电设施的防洪标准作出了具体规定：35kV 及以上的高压、超高压和特高压变电设施，应根据电压分为 3 个防护等级，其防护等级和防洪标准见表 2-1。

表 2-1　35kV 及以上的高压和超高压变电设施的防护等级和防洪标准

防护等级	电压 /kV	防洪标准（重现期 N/ 年）
Ⅰ	≥500	≥100
Ⅱ	<500，≥220	100
Ⅲ	<220，≥35	50

变电设施主要防洪设计相关要求见表 2-2。

表 2-2　变电设施主要防洪设计相关要求

编号	规范名称	规范编号	相关要求
1	变电站总布置设计技术规程	DL/T 5056—2007	220kV 枢纽变电站及 220kV 以上电压等级的变电站，站区场地设计标高应高于频率为 1%（重现期）的洪水水位或历史最高内涝水位； 其他电压等级的变电站站区场地设计标高应高于频率为 2%（重现期）的洪水水位或历史最高内涝水位
2	35kV～220kV 城市地下变电站设计规程	DL/T 5216—2017	220kV 地下变电站站区场地标高，应高于频率为重现期 1% 的洪水水位或历史最高内涝水位； 110kV 及以下的地下变电站站区场地设计标高应高于频率为重现期 2% 的洪水水位或历史最高内涝水位； 地下变电站站区均采用雨、污水分流方式，雨、污水出站区均排至城市排水系统，地下变电站地上建筑物室内地坪高出室外地坪不应小于 0.45m

续表

编号	规范名称	规范编号	相关要求
3	地下工程防水技术规范	GB 50108—2008	220kV 地下站应按一级防水设计；110kV 及以下地下变电站可按一级防水设计

另外，实际运行经验表明，应提高城市中心站和地下变电站场地标高，便于自流排水到市政管网。变电站大门宜采用实体大门并设置防洪挡板，挡水高度应超过历史最高内涝水位 0.5m，且安装高度不低于 0.8m，挡板底端宜设有防水密封措施。地下站安全出口高度应高于 100 年一遇洪水高度与历史最高内涝水位 0.5m；优化进站道路走向、标高及坡度，出入口设置排水沟，避免站外雨水倒灌。

2. 架空输电线路防洪标准

《防洪标准》（GB 50201—2014）中对高压、超高压和特高压输电设施的防洪标准具体规定：35kV 及以上的高压、超高压和特高压架空输电线路基础，应根据电压分为 4 个防护等级，其防护等级和防洪标准见表 2-3。大跨越架空输电线路的防洪标准可经分析论证提高。

表 2-3 35kV 及以上的高压、超高压和特高压架空输电线路的防护等级和防洪标准

防护等级	电压 /kV	防洪标准（重现期 N/ 年）
Ⅰ	1000、±800	100
Ⅱ	750、±660，±500	50
Ⅲ	500，330	30
Ⅳ	≤220，≥35	20～10

架空输电线路防洪设计其他主要相关要求如表 2-4 所示。

表 2-4 架空输电线路主要防洪设计相关要求

编号	规范名称	规范编号	相关要求
1	330kV～750kV 架空输电线路勘测标准	GB/T 50548—2018	330kV～750kV 架空输电线路工程防洪标准应为 100 年一遇，线路基础的防洪设计应采用 30 年或 50 年一遇防洪标准

续表

编号	规范名称	规范编号	相关要求
2	1000kV 架空输电线路勘测规范	GB 50741—2012	1000kV 架空输电线路防洪标准应为重现期 100 年一遇洪水，河（海）床稳定性分析应预测未来 50 年内河（海）床演变趋势； 当 1000kV 架空输电线路位于水库下游、水库设计洪水标准低于 100 年一遇或水库设计洪水标准虽达到或高于 100 年一遇，但水库为病险库时，应分析计算溃坝洪水对线路的影响
3	110kV～750kV 架空输电线路设计规范	GB 50545—2010	对重要线路和特殊区段线路宜采取适当加强措施，提高线路安全水平。 计算时洪水频率：500kV 大跨越杆塔基础可采用 50 年一遇；500kV 输电线路和 110kV～330kV 大跨越杆塔基础可采用 30 年一遇；其他电压等级输电线路和无冲刷、无漂浮物的内涝积水地区的杆塔基础可采用 5 年一遇；当有特殊要求时，应遵循相关标准确定

3. 配电设施防涝建设标准建议

（1）新建小区配电设施。

1）新建住宅小区室外地面标高低于当地防涝用地高程或当地历史最高洪水位的，其开关站、配电房应设置在地面层，并高于当地防涝用地高程。配电房的房门应设置挡水门槛，电缆管沟应增设防止涝水倒灌设施。确受条件限制无法设置在地上的，征求城市防汛主管部门意见后可设置在地下，但不得设置在负一层以下。

2）新建住宅小区的电梯、供水设施、地下室常设抽水设备、应急照明、消防控制中心等专用负荷的用电设施，应设置在地面层且易接入移动发电装置的位置，并设置应急用电集中接口，保证受灾时快速恢复供电。

（2）重要用户配电设施。重要用户主要配电设施、应急备用电源应设置在地面层，并高于当地防涝用地高程或当地历史最高洪水位。电梯、供水设施、地下室常设抽水设备、应急照明、消防控制中心等重要负荷的用电设施，应设置在地面层且易接入移动发电装置的位置，并设置应急用电集中接口，保证受灾时快速恢复供电。独立双电源中一路电源宜采用架空线路方案。

（3）城市供电设施。城乡规划主管部门在编制控制性详细规划时，要合理安排变电站、电力廊道、开关站布局，预留符合电力安全运行标准的站址用地，确保满足防洪、防涝要求，优先选择地势较高的地段，220kV 及以上变电站的站址必须避开蓄滞洪区（包括行洪区、分洪区、蓄洪区和滞洪区），110kV～35kV 变电站的站址应尽量避开蓄滞洪区。各市、县（区）应严控以美化景观为主要目的的电力设施入地工程，除城市核心区外应尽量减少电缆使用，原则上不采用全地下或半地下式变电站，保障严重灾害后供电设施快速恢复，提升电力设施抗灾能力。

第3章 防汛管理体系

防汛管理是为了应对暴雨、洪水等自然灾害，通过建立必要的机制，采取必要的措施，应用科学、技术、规划与管理等手段，对人力、物力、财力、信息等资源进行优化配置，最大限度地防范和减少灾害损失的活动过程。本章在简要介绍防汛基本概念、防汛管理相关法律法规内容基础上，对各级防汛管理组织体系进行介绍。

3.1 概　　述

3.1.1 汛期与防汛

1. 汛期

汛期是指因强降雨造成江河、湖泊洪水集中出现，容易形成洪涝灾害的时期，一般是指由于流域内季节性降水、融冰、化雪等引起的定时性水位上涨的时期，是一年中降水量最大的时期。我国幅员辽阔，各河流所处地理位置和涨水季节不同，汛期的长短和时序也不同。我国主要流域汛期大致划分为：珠江流域4～9月、长江流域5～10月、淮河流域6～9月、黄河流域6～10月、海河流域6～9月、辽河流域6～9月、松花江流域6～9月。

2. 防汛

防汛是指积极地应对可能发生的汛情，为防止和减轻洪水灾害，在洪水预报、防洪调度、防洪工程运用等方面开展的相关工作。防汛的主要内容包括：①长期、中期、短期天气形势预报；②洪水水情预报；③堤防、水库、水闸、蓄滞洪区等防洪工程的调度与运用；④出现险情灾情后的抢险救灾、应急措施等。

防汛抢险的主要工作包括：①防汛组织，防汛责任制和防汛抢险队伍的建立；②防汛物资和经费的筹积存储；③江河水库、堤防、水闸等防洪工程的巡查防守；④暴雨天气和洪水水情预报；⑤蓄洪、泄洪、分洪、滞洪等防洪设施的调度运用；⑥出现非常情况时采取临时应急措施；⑦发现险情后的紧急抢护和洪灾抢救等。

3.1.2 防汛管理法律法规体系

规范防汛管理的前提是建立健全的政策法规体系。我国建立了相对完善的防汛应急体系，包括相关法律、行政法规、部门规章和技术标准 4 个层次，其中与电网防汛相关的主要法律法规见表 3-1。

表 3-1 　　　　　　　　　　　　与电网防汛相关的主要法律法规

编号	层级	法律法规
1	国家层面	中华人民共和国防洪法
2		中华人民共和国气象法
3		中华人民共和国防汛条例（国务院令第 441 号）
4		气象灾害防御条例（国务院令第 570 号）
5		生产安全事故报告和调查处理条例（国务院令第 493 号）
6		电力安全事故应急处置和调查处理条例（国务院令第 599 号）
7		国务院关于全面加强应急管理工作的意见
8		国家突发公共事件总体应急预案
9		国家气象灾害应急预案
10		国家防台防风抗旱应急预案
11		国家大面积停电事件应急预案
12		GB/T 29639—2013 生产经营单位生产安全事故应急预案编制导则
13	国家电网层面	国家电网有限公司应急工作管理规定
14		国家电网有限公司应急预案管理办法
15		国家电网有限公司应急预案评审管理办法
16		国家电网有限公司突发事件总体应急预案
17		国家电网有限公司应急队伍管理规定
18		国家电网有限公司大面积停电事件应急预案
19		国家电网有限公司气象灾害处置应急预案
20		国家电网有限公司防汛及防灾减灾管理规定

在上述电网防汛相关的法律法规的指导下，按照国家、地方规定建立的相应日常防汛工作管理以及防汛应急管理等规章制度，形成了较为完备的电网设施防汛管理法律法规体系。

3.2　国家及地方政府防汛组织体系

3.2.1　国家防汛组织体系

我国防汛工作实行各级人民政府行政首长负责制，实行统一指挥，分级分部门负责。各有关部门实行防汛岗位责任制。防汛工作实行"安全第一，常备不懈，以防为主，全力抢险"的方针，遵循团结协作和局部利益服从全局利益的原则。任何单位和个人都有参加防汛抗洪的义务。

国务院设立国家防汛总指挥部，负责组织领导全国的防汛抗洪工作，其办事机构设在国务院水行政主管部门。

长江和黄河可以设立由有关省、自治区、直辖市人民政府和该江河的流域管理机构（以下简称流域机构）负责人等组成的防汛指挥机构，负责指挥所辖范围的防汛抗洪工作，其办事机构设在流域机构。长江和黄河的重大防汛抗洪事项须经国家防汛总指挥部批准后执行。国务院水行政主管部门所属的淮河、海河、珠江、松花江、辽河、太湖等流域机构，设立防汛办事机构，负责协调本流域的防汛日常工作。

有防汛任务的县级以上地方人民政府设立防汛指挥部，由有关部门、当地驻军、人民武装部负责人组成，由各级人民政府首长担任指挥。各级人民政府防汛指挥部在上级人民政府防汛指挥部和同级人民政府的领导下，执行上级防汛指令，制定各项防汛抗洪措施，统一指挥本地区的防汛抗洪工作。各级人民政府防汛指挥部办事机构设在同级水行政主管部门；城市市区的防汛指挥部办事机构也可以设在城建主管部门，负责管理所辖范围的防汛日常工作。

石油、电力、邮电、铁路、公路、航运、工矿以及商业、物资等有防汛任务的部门和单位，汛期应当设立防汛机构，在有管辖权的人民政府防汛指挥部统一领导下，负责做好本行业和本单位的防汛工作。

我国防汛抗旱组织机构如图 3-1 所示。

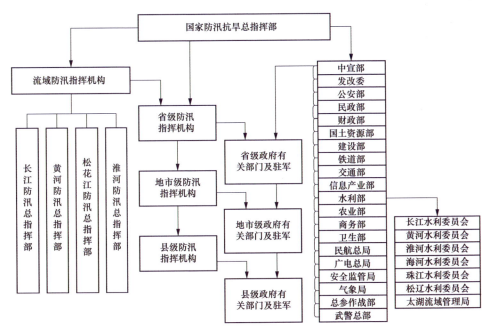

图 3-1　我国防汛抗旱组织机构

3.2.2　河南省防汛组织体系

河南省坚持以防为主、防抗救相结合的方针，深刻汲取郑州"7·20"特大暴雨洪涝灾害教训，用大概率思维应对极有可能发生的重大自然灾害，全周期加强防汛应急管理，依法、科学、高效、有序做好洪涝灾害的防范处置，确保人民群众生命财产安全。在坚持人民至上、生命至上，党政同责、一岗双责，问题导向、务实管用，协调联动、科学高效的原则基础上，《河南省防汛应急预案》以组织指挥体系及职责、应急准备、风险识别管控、监测预报预警、应急响应、抢险救援为主要内容，通过完善组织指挥体系，加强对防汛救灾工作的领导。

1. 省防汛抗旱指挥部

（1）省防汛抗旱指挥部成员组成及职责。省委、省政府设立省防汛抗旱指挥部（以下简称"省防指"），在国家防汛抗旱总指挥部和省委、省政府领导下，统一组织、指挥、协调、指导和督促全省防汛应急和抗旱减灾工作。

1）省防指组织架构。省防指下设省防指办公室（以下简称"省防办"）和省防指黄河防汛抗旱办公室（以下简称"省黄河防办"），分管防汛的副省长兼任省防办主任和省黄河防办主任。省防办日常工作由省应急厅承担，省应急厅厅长兼任省防办常务副主任；省应急厅副厅长兼省水利厅副厅长任专职副主任。省黄河防办日常工作由河南黄河河务局承担，河南黄河河务局局长兼任省黄河防办常务副主任；河南黄河河务局分管副局长任专职副主任。

2）省防指主要职责。组织领导全省防汛救灾工作，贯彻实施国家防汛抗旱法律、法规和方针政策，贯彻执行国家防总和省委、省政府决策部署，拟订省级有关政策和制度等，及时掌握全省雨情、水情、险情、汛情、灾情，统一领导指挥、组织协调重大、特别重大洪灾灾害应急处置。积极推进各级防指深入开展防汛应急体制改革，以坚持和加强党的全面领导为统领，建立健全统一权威高效的防汛指挥机构。

（2）省防指防汛应急前方指导组。省防指组建防汛应急前方指导组（以下简称"前方指导组"），分别由分管防汛应急、水利、自然资源、住建、工信等工作的副省长牵头，配备一支相关领域专家团队，一支抢险救援救灾队伍，一批抢险救援装备，省应急、水利、自然资源、住建、工信等部门视情每组参加一名厅级领导干部，并负责联络协调。发生重大以上洪涝灾害，省防指前方指导组按要求赶赴现场指导抢险救援救灾工作。需要省级成立前方指挥部的，由省防指前方指导组会同当地党委、政府成立前方指挥部，牵头省领导担任指挥长，地方党委、政府主要负责同志任常务副指挥长。

（3）省防汛抗旱指挥部办公室职责。

1）省防办承办省防指日常工作，指导协调全省防汛抗旱工作。

2）指导各级、各有关部门落实防汛抗旱责任制。

3）组织全省防汛抗旱检查、督导。

4）组织编制《河南省防汛应急预案》《河南省抗旱应急预案》，指导相关部门编制专项预案，按程序报批并指导实施。

5）会同有关部门做好防汛抗旱队伍建设、物资储备、调用等工作。

6）综合掌握汛情、旱情、险情、灾情。提出全省防汛抗旱工作建议，协调做好防汛抗旱抢险救灾保障工作。

（4）省防办工作专班职责。适应扁平化指挥要求，省防办组织成立防汛指挥调度、水库河道及山洪灾害防汛、城乡内涝防汛、地质灾害防汛、南水北调

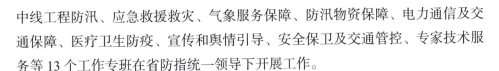

中线工程防汛、应急救援救灾、气象服务保障、防汛物资保障、电力通信及交通保障、医疗卫生防疫、宣传和舆情引导、安全保卫及交通管控、专家技术服务等13个工作专班在省防指统一领导下开展工作。

2. 市、县（市、区）防汛抗旱指挥机构

各省辖市、济源示范区、县（市、区）党委、政府参照省里做法，设立防汛抗旱指挥部及其办公室，成立防办工作专班，在上级防汛抗旱指挥机构和本级党委、政府的领导下，组织和指挥本辖区内的防汛抗旱工作。

3. 基层防汛抗旱指挥机构

乡镇（街道）要明确承担防汛工作的机构和人员，由乡镇（街道）党政主要负责人负责属地防汛抗旱工作，在上级党委、政府和防指领导指挥下，做好防汛应急工作。

基层气象、水文、自然资源、城乡建设管理、应急、地震等部门和水利、市政工程管理单位、各类施工企业等在汛期成立相应的专业防汛组织，按照职责负责防汛相关工作。大中型企业和有防洪任务的重要基础设施的管理单位根据需要成立防汛指挥机构，负责本单位防汛工作。各行政村（社区）、企事业单位、居民楼院明确防汛责任人，负责组织落实防汛应对措施。

河南省防汛抗旱指挥部组织架构如图3-2所示。

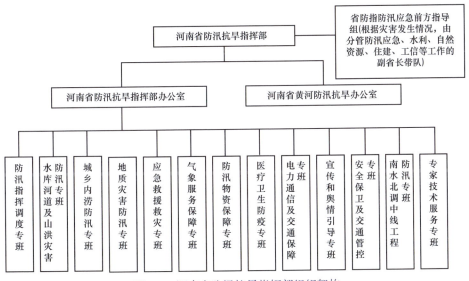

图3-2　河南省防汛抗旱指挥部组织架构

3.3 国家电网公司防汛组织体系

3.3.1 防汛应急指挥机构

电力行业防汛工作应统一指挥，分级分部门负责，应在有管辖权的人民政府防汛指挥部统一领导下做好防汛工作。国家电网公司总部常设防汛工作领导小组，统一组织领导公司防汛应对工作。针对具体发生的汛情，临时成立应急指挥部，具体负责指挥协调公司洪涝灾害应对处置工作。

成员由国家电网公司办公室、发展部、财务部、宣传部、安监部、设备部、营销部（农电部）、数字化部、基建部、产业部、物资部、后勤部、工会、国调中心、特高压部、水新部等职能部门相关负责人组成。

防汛工作领导小组下设防汛办公室，办公室设在国网设备部，负责人由国网设备部主任担任，成员由防汛工作领导小组成员部门相关人员组成。

灾害发生后成立应急指挥部，在国家层面组织指挥机构领导下，指挥协调国家电网公司应对处置工作。

应急指挥部总指挥负责总体指挥决策工作；副总指挥协助总指挥负责灾害事件应对的指挥协调。指挥长负责灾害事件应急处置的统筹组织管理，执行落实总指挥的工作部署，领导指挥总部各工作组，指导协调事发单位开展应急处置工作；副指挥长协助指挥长组织做好事件应急处置工作，并在指挥长不在时代行其职责。应急指挥部下设综合协调组、电网调度组、抢修恢复组、供电服务组、舆情处置组、技术支撑组、物资保障组、安全监督组、后勤保障组等工作组，具体负责专业处置工作。

3.3.2 防汛应急指挥机构职责

1. 防汛工作领导小组职责

（1）贯彻落实国家和国家电网公司有关洪涝灾害应急处置的相关政策规定及工作要求。

（2）接受上级应急指挥机构的领导，根据国家电网公司处置洪涝灾害工作的需要，向国家有关职能部门提出援助请求。

（3）统一领导国家电网公司抢险救援、恢复重建工作，执行国家电网公司相关部署和决策。

（4）宣布国家电网公司进入和解除应急状态，决定启动、调整和终止事件响应。

（5）决定发布相关信息。

2. 防汛办公室职责

（1）落实国家电网公司防汛工作领导小组和防汛应急领导小组布置的各项工作。

（2）开展信息搜集、统计汇总、上报工作。

（3）协调国家电网公司各专业部门开展应急处置工作。

（4）负责与国家政府部门沟通，汇报相关应急工作。

（5）协助洪涝灾害应急领导小组发布有关信息。

3.4 国网河南省电力公司防汛组织体系及制度

3.4.1 防汛组织体系

1. 防汛工作领导小组

建立以省公司董事长、总经理为组长的防汛工作领导小组，明确职责分工，落实省委省政府、国家电网公司防汛应急工作要求，对省公司防汛应急工作作出决策部署，研究建立和完善省公司防汛应急体系，领导、组织、指挥省公司系统防汛应急处置工作，组织协调省公司防汛重大事件的现场处置和事故调查。省防汛工作领导小组如图3-3所示。

2. 防汛办公室

防汛工作领导小组下设防汛工作领导小组办公室，防汛办公室设在设备部，办公室主任由设备部主要负责人担任，成员由防汛工作领导小组成员部门相关人员组成。负责落实防汛工作领导小组部署的各项任务，开展防汛应对、信息报送、政府联动、应急资源调拨等工作。

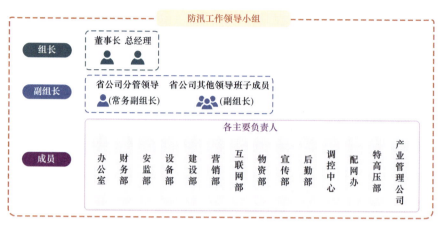

图 3-3　省防汛工作领导小组组织结构

3.4.2　人员管理制度

国网河南省电力公司强化防汛抢险队伍建设，成立省、市、县三级防汛抢险应急抢修队伍、应急救援基干分队，并建立应急管理专家库，保证防汛抢险工作的时效性、机动性和科学性。

1. 应急抢修队伍

为进一步落实国家电网公司关于建设"召之即来，来之能战，战之必胜"应急抢修队伍的要求，有效开展对电网公司及社会有重大影响的各类突发事件的应急救援工作，减少事故灾害造成的损失，维护电网公司良好社会形象，同时配合做好河南省区域的应急救援协调联动机制工作，国网河南省电力公司重新组建河南省电力公司应急抢修队伍。抢修队伍分为省级抢修队伍和地市级别抢修队伍，其中省级抢修队伍主要由省检修公司和送变电公司输变电专业人员构成；地市级别抢修队伍主要由各地市公司输、变、配专业人员构成。

在省公司的统一指挥和协调下，应急抢修队伍管理实行统一调配与分级管理相结合的原则，以实现应急资源的有效利用。应急抢修队伍的主要职责如下。

（1）省公司负责贯彻落实国家电网有限公司应急队伍建设与管理的标准和制度，并制定相应的实施细则和工作计划。

（2）负责指挥协调省公司范围内跨地市应急处置。

（3）根据应急处置需要对片区内应急队伍进行统一调配（包括跨区域调配

地市应急队伍）。

（4）负责对省公司和地市供电公司应急队伍进行定期检查和考核，并接受国家电网公司总部的应急调度和指挥。

（5）各地市供电公司（省检及送变电）负责本单位管辖范围内应急队伍的建设和管理，负责指挥协调本单位内部应急处置，并接受省公司的应急调度和指挥，完成应急处置任务。

2. 应急基干分队

国网河南电力应急救援基干分队按照国家电网公司《应急救援基干分队管理规定》组建并管理，队员由省检修公司、送变电公司、郑州公司及信通公司4家单位的优秀一线人员组成，全部为非脱产性质，人员随岗位变动适时调整。为进一步加强基干分队管理，明晰工作职责，有效提升基干分队在紧急情况下的响应速度和战斗能力，确保基干分队在关键时期能够拉得出、顶得上。参照军队组织架构，细化基干分队管理架构，将队伍按照队员所属单位分为4个分队，分队内部根据人员情况设置若干班组。

国网河南电力加强对基干队伍的管理，规范基干分队救援响应流程，加强基干分队疫情常态化防控期间的后勤保障工作。在突发事件应急状态下，基干分队队员时刻处于备战状态，各单位不得安排其他工作；在基干分队调派命令有效期内，基干队员管理权由其所在单位暂时移交至基干分队，基干队员只接收基干分队各级长官指令并对其负责。

3. 应急管理专家库

为推动国网河南电力应急管理工作的有序开展，加强对各类突发事件的预防和处置，及时、准确地为应急管理工作提供决策咨询服务，完善决策机制，不断提高突发事件科学应对水平，根据《中华人民共和国突发事件应对法》和《国家突发公共事件总体应急预案》要求，结合各级单位应急管理工作实际，经相关各部门及各单位推荐，广泛征求广大干部、员工的意见和建议，国网河南电力研究决定建立应急管理专家库，并确定了专家库成员，涵盖应急管理、设备管理、项目安全、供电服务、电网运行、舆情控制六大类多个专业领域。各单位可在应急预案编制、评审、演练等工作环节寻求专家的指导和咨询，在事故、灾害应急救援处置等方面寻求专家技术支持，充分依靠专家力量，积极推动应急管理工作的深入开展。

3.4.3 防汛物资管理

1. 电网防汛物资分类

电网防汛物资是指为防范暴雨、洪涝、台风等自然灾害造成电网停电、变电站停运，满足应急响应恢复供电需要而储备的物资。结合电网防汛工作实际，按照防汛物资功能用途将电网防汛物资主要分为交通工具、排水物资、照明工具、挡水物资、通信工具、个人装备及辅助物资7类。

（1）交通工具。指具备涉水能力的车辆及船舶，用于载人及物资进入洪区进行灾情查勘、汛情处置等工作，有效保障人员安全，包括水陆两栖车、冲锋舟、橡皮艇及其相关配件等。

（2）排水物资。指能将影响电力设备安全的积水排出场地的装备，包括抽水车、便携式潜水泵、抽水机及其相关配件等。抽水车具备机动性和一定的排水效率，用于可能出现突发大规模水淹的地区；便携式潜水泵主要用于变电站、配电站房及电缆沟道紧急临时排水；抽水机主要考虑在站所失电情况下的排水需求，需自带动力。

（3）照明工具。指用于防汛应急场所的各类照明设备，包括移动照明车、移动升降照明设备、防水手电、头灯等。移动照明工程车具备机动性和照明能力，用于紧急支援突发事件；移动升降照明设备用于大型抢修或保电现场，具备较大的照明范围和较高的亮度，考虑现场环境恶劣，照明设备应自带电源；头灯、手电、小型照明灯具用于个人照明或小型防汛工作现场使用。

（4）挡水物资。指将外部来水阻挡在电力设备所在场地之外，或对重要设备进行遮盖防止进水的物品，包括防水挡板、防汛沙袋（吸水膨胀袋）、防雨布等。防水挡板用于封堵站所及站所内建筑大门；防汛沙袋可单独使用或与防水挡板配合使用，可采取吸水膨胀袋代替；防雨布主要用于杆塔基础防护。

（5）通信工具。指防汛工作中用于信息沟通的器材，主要包括对讲机、卫星电话等。

（6）个人装备。指防汛工作中保障人员安全的用品，包括雨靴、雨衣、连衣雨裤、救生衣等。

（7）辅助物资。指防汛工作中可能使用到的其他装备及物资，包括发电机、电源盘、铁铲、水桶等。

2. 防汛物资配备原则

公司经营区域内防汛工作地域差异性大，不同地域对防汛物资配置不宜统一，依据区域水文气象条件、台风登陆等情况，各省（市）公司可划分为 5 个防汛层级区域：①Ⅰ类地区，指年平均降雨量大于 1000mm 且直接受台风登陆影响的地区；②Ⅱ类地区，指年平均降雨量大于 1000mm 且受台风影响的地区；③Ⅲ类地区，指年平均降雨量为 700～1000mm 的地区；④Ⅳ类地区，指年平均降雨量为 500～700mm 的地区；⑤Ⅴ类地区，指年平均降雨量在 500mm 以下的地区。

防汛物资配置按照"分级储备、差异配置、满足急需"的原则，适应专业化、标准化要求，注重先进性、实用性和经济性有机结合，满足日常工作与汛情紧急处置的需求，促进防汛工作效率与质量的提升。

（1）分级储备。主要考虑各单位不同层级对防汛物资配置需求的差异，在满足需求的基础上，避免重复配置。

（2）差异配置。主要考虑各单位在地理环境、气候特点、设备规模、人员数量等多方面存在较大差异，特别是省公司内的不同地市公司之间、变电站之间对防汛物资的需求不同，宜实施差异化配置。

（3）满足急需。主要考虑满足防汛日常工作的使用需求，各单位应根据实际情况选用标准，并根据电网、环境、技术的变化补充更新各类防汛物资。

省级公司和地市级公司防汛物资配备标准分别见表 3-2 和表 3-3。

表 3-2 　　　　　　　　　　省级公司防汛物资配备标准

分类	物资名称	配置标准					备注
		Ⅰ类地区	Ⅱ类地区	Ⅲ类地区	Ⅳ类地区	Ⅴ类地区	
交通工具	水陆两栖车	6	3	2	○	○	
	冲锋舟	6	3	2	○	○	
排水物资	抽水车	6	3	2	○	○	排水量大于 1000m³/h
照明工具	移动照明工程车	6	3	2	○	○	

注 ○表示选配。

表 3-3 地市级公司防汛物资配备标准

分类	物资名称	配置标准					备注
		Ⅰ类地区	Ⅱ类地区	Ⅲ类地区	Ⅳ类地区	Ⅴ类地区	
交通工具	橡皮艇	6	3	2	1	○	
排水物资	便携式潜水泵	A：变电2台/座，输电3台/百公里；B：变电2台/座，输电2台/百公里；C：变电1台/15座，输电1台/百公里，配电3台/百座	A：变电2台/座，输电3台/百公里；B：变电2台/座，输电2台/百公里；C：变电1台/15座，输电1台/百公里，配电3台/百座	A：变电2台/座，输电3台/百公里；B：变电2台/座，输电2台/百公里；C：变电1台/15座，输电1台/百公里，配电3台/百座	A：变电2台/座，输电3台/百公里；B：变电2台/座，输电2台/百公里；C：变电1台/15座，输电1台/百公里，配电3台/百座	A：变电2台/座，输电3台/百公里；B：变电2台/座，输电2台/百公里；C：变电1台/15座，输电1台/百公里，配电3台/百座	A：500（330）kV及以上；B：220kV；C：110（66）kV及以下；输电主要按电缆隧道长度配置，架空线路不考虑
	抽水机	便携式潜水泵水量/3					
个人装备	雨衣	1/1人					按防汛抢修人数配置
	雨靴	1/1人					
	救生衣	1/1人					
	连衣雨裤	1/10人	1/20人	1/30人	1/50人	○	按涉水作业人数配置
挡水物资	防汛沙袋	按实际需求配置					包括防汛挡板
	防雨布	按实际需求配置					
	吸水膨胀袋	按实际需求配置					
挡水物资	防渗堵漏材料	按实际需求配置					
照明工具	移动升降照明设备	10	6	3	2	1	自带电源
	手电、头灯	按《国家电网有限公司运检装配置使用管理规定》配置					
	小型应急照明灯具	按《国家电网有限公司运检装配置使用管理规定》配置					

续表

分类	物资名称	配置标准					备注
		Ⅰ类地区	Ⅱ类地区	Ⅲ类地区	Ⅳ类地区	Ⅴ类地区	
通信工具	对讲机	按《国家电网有限公司运检装配配置使用管理规定》配置					
	卫星电话	按《国家电网有限公司运检装配配置使用管理规定》配置					

注 ○表示选配。

3.4.4 应急物资保障

1. 职责分工

（1）物资供应部。实时维护豫中、豫南、豫北 3 个应急库应急物资信息，组织做好 3 个应急仓库应急物资的日常维护保养，保证应急物资质量完好，随时可用。根据省公司指令完成应急物资调拨出库、采购入库。组织应急物资的报废鉴定，发起报废审批手续。与第三方物流公司签订协议，确保应急物资能够及时配送到应急现场。

（2）物资调配中心。在应急状态下或重大保电任务时，物资调配中心成为应急物资保障指挥中心，迅速启动应急物资保障预案，实行 24h 值班制度，统一指挥各业务协同运作，各专业部门严格按照调配业务指令开展相关工作，全力保障物资供应。

（3）物资采购部。依据省公司下达的紧急采购指令，组织应急物资紧急采购。

（4）合同管理部。负责应急物资紧急采购的合同签订及结算工作。

2. 预警管理

（1）预警准备。接到总部或省公司发布的预警信息后，公司物资保障工作进入预警状态，重点开展以下各项工作。

1）根据预警情况，应急物资保障指挥中心在公司范围内启动 24h 应急值班的准备工作。

2）应急物资保障指挥中心组织做好应急物资保障工作动员准备工作。

3）预警区域在本省时，物资供应部配合省公司物资部迅速组织预警市公司及邻近市公司开展仓储物资普查工作，更新动态周转物资信息。

4）物资供应部提前做好函调供应商库存情况的准备工作，与承运商进行联系确认，做好紧急运输准备。

5）物资供应部组织开展公司应急储备仓库应急抢险工具的检查和保养工作。

（2）预警行动。

1）一级（红色）、二级（橙色）预警行动。应急物资保障指挥中心启动24h应急物资保障值班和日报告制度；收集信息，做好内部信息汇总和报告，对于总部组织的预警行动，按照要求及时向总部汇报。

2）三级（黄色）、四级（蓝色）预警行动。物资调配中心密切关注事态，收集信息，做好内部信息汇总和报告，物资供应部配合省公司物资部督促有关市县公司做好应急物资保障队伍待命和应急保障准备工作等。

（3）预警调整和解除。根据事态发展，物资调配中心落实总部或公司应急办提出的预警调整或解除建议，并及时通报至相关市县公司物资部门。

3. 应急响应管理

（1）应急需求受理。应急物资保障指挥中心受理省公司和市公司的应急物资需求，启动应急物资需求及调拨信息日报告，跟踪应急物资匹配、调拨、运输、采购流程。

1）事发地在本省时，库存物资应在接到调配指令后1h之内发货出库；实施紧急采购物资，应在12h内落实供货方和到货时间；需省公司协调跨市调配物资，应在10h内落实并完成调配出库。

2）事发地在其他省份时，按照总部要求做好本省库存物资情况的汇总报告，在接到总部物资调拨指令后的24h内完成物资调配出库。

（2）应急物资的匹配与调拨。物资供应部接收应急物资保障指挥中心指令，平衡全省范围内库存物资信息，按照"先近后远、先利库后采购"以及"先实物、再协议、后采购"的原则进行应急物资匹配。需要办理资产转移手续的，在应急物资配送完成后，由需求单位物资部门和原库存物资资产所属单位物资部门共同完成资产转移手续。

（3）紧急采购。如以上方式均无法匹配到所需物资，物资调配中心应及时将情况报省公司物资部，由省公司物资部组织开展紧急采购。应急物资采购包括招标和非招标两种采购方式。应急实物储备和协议储备物资原则上采取招标方式。应急处置过程中，当储备物资不能满足需要时，可以采取非招标的紧急采购方式。根据抢险需要，紧急采购可以按照国家有关规定采取非招标采购方式，省公司物资部按要求向总部物资部提出紧急采购申请，经总部物资部计划处批复后，自行组织紧急采购。对于省公司自行紧急采购、跨省应急物资调拨均不能满足需要的情况，提请总部物资部统一组织采购或由总部委托相关单位进行紧急采购。物资采购部在接到省公司物资部下达的紧急采购指令后，应依据省公司物资部指定的采购方式，立即组织应急物资的紧急采购。合同管理部负责与供应商补签合同并及时进行结算。

（4）应急物资的运输。

1）应急物资运输。如匹配到的仓库实物库存能够满足应急事件需要，物资供应部应及时联系第三方物流公司开展应急物资运输，协调各仓库做好应急物资出库准备，将所需物资及时运至需求现场。

2）协议库存运输。如省内各级仓库未匹配到应急事件所需物资，物资调配中心应在协议库存范围内开展应急物资匹配，及时协调供应商将物资运送至需求现场。

3）跨省运输。如上述两种方式均未匹配上，物资调配中心应及时将所需应急物资报国网物资调配中心在全国范围内开展应急物资匹配。由国网物资调配中心协调相关省份将应急物资运送至需求现场。

4）应急物资相关手续。如果应急物资属于抢险借用物资，物资供应部应督促各仓库完善借用物资出库手续，在应急物资归还后完善归还手续；如果应急物资属于调拨物资，物资调配中心应督促各相关部门完善相应手续；如果应急物资属于销售方式调拨，物资调配中心应配合各调出方做好相关手续。

（5）一级（红色）、二级（橙色）响应措施。

1）落实领导小组决策部署，加入省公司工作组赶赴现场，指导、协调、督促应急物资保障工作。

2）启动 24h 应急值班，建立信息日报告制度，开展物资需求信息收集、汇总工作，及时向有关领导汇报。

3）快速响应总部和省应急指挥中心应急物资需求指令以及市公司上报的应急物资采购申请、应急物资需求。

4）根据受影响地区严重程度，适时派遣应急物资保障工作人员，协助开展应急物资保障工作。

5）应急物资保障指挥中心组织实施跨市的应急抢险工器具和物资调配，落实开展总部的跨省应急抢险工器具和物资调配等。

（6）三级（黄色）、四级（蓝色）响应措施。

1）落实领导小组决策部署，加入省公司工作组赶赴现场，指导、协调事发单位应急物资保障工作。

2）快速响应省应急指挥中心应急物资需求指令以及市公司上报的应急物资采购申请、应急物资需求。

3）组织实施跨市应急抢险工器具和物资调配。

（7）响应结束。根据省领导小组办公室的响应结束通报，组织公司各部门对响应情况进行后续评估和总结。

3.4.5　信息报告制度

严格汛情"报告"制度和严重汛情即时报告制度，按照"首报要快、续报要准、终报要全"的要求，发生重大洪涝灾害或突发防汛应急事件后，各单位要在30min内报送至省公司和地方政府。信息报送流程图如图3-4所示。

省公司安监部统计汇总各职能部门、各基层单位洪涝灾害受灾情况，经防汛

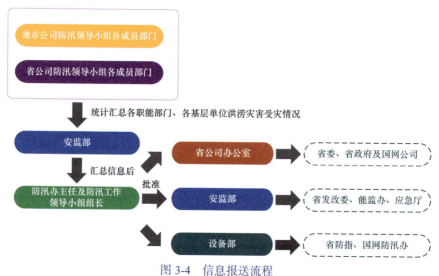

图3-4　信息报送流程

办主任及防汛工作领导小组组长或副组长批准同意后，向省发改委、能监办、应急厅报送相关信息。对外信息报送的内容主要包括洪涝灾害事件的基本情况、公司采取的应急措施、取得的进展、存在的困难以及下一步工作等信息。在接到安监部报送的相关洪涝灾害信息后，省公司办公室向省委、省政府及国家电网公司总值班室报送重大事项值班报告，设备部向省防指报送相关信息。

3.4.6 应急预案管理

国网河南省电力公司应急预案管理工作遵循"综合协调、专业管理、分级负责"的原则，建立"横向到边，纵向到底"的应急预案管理体系，针对各类突发事件，编制相应的应急预案，制定相应流程，明确工作职责和处置措施；依据有关法律法规，按照国家电网公司、省政府有关部门要求，结合省公司应急工作实际，设置总体和专项应急预案，并根据具体情况设现场处置方案。

省公司各单位应根据本单位的组织结构、管理模式、生产规模和风险种类等特点，组织编制本单位总体应急预案；省公司本部各部门、各单位应当针对可能发生的各类突发事件组织编写相应的专项应急预案，并针对特定的场所、设备设施和岗位，组织编写相应的现场处置方案。在编制应急预案时，应认真做好编制准备工作，全面分析本单位的风险因素和事故隐患，客观评估本单位的应急能力和应急资源，作为应急预案的编制依据。各类应急预案，应保证上下级应急预案、总体和专项应急预案、各相关专项应急预案之间，以及与地方政府应急预案的有效衔接，明确指挥机构职责、信息报告流程和应急救援等内容的衔接要求。

省公司按照分级评审的原则对应急预案组织评审；应急预案的发布工作由该预案的评审组织部门负责；应急预案自发布之日起 15 个工作日内进行备案。公司本部各部门、各单位应加强应急预案的培训，并应当结合实际积极开展应急预案的演练；应加强对应急预案的动态管理，根据实际情况的变化，及时评估和改进预案内容，提高应急预案的质量。

第4章 电网防汛应急管理

国网河南省电力公司依据有关法律、法规和规定,结合电力生产特点和应急管理工作实际,全面加强公司应急管理工作,切实防范和有效应对重特大生产安全事故及对公司和社会有严重影响的各类突发事件,控制和减少事故灾害造成的损失维护公司正常生产经营秩序。

4.1 防汛突发事件及分级

4.1.1 洪涝灾害事件分级

根据洪涝灾害事件的危害程度、影响范围、经济损失、救灾恢复能力等因素,公司洪涝灾害事件分为特别重大事件、重大事件、较大事件、一般事件4级,见表4-1。

表 4-1   洪涝灾害事件分级

洪涝灾害事件分级	分级依据
特别重大事件	政府或上级部门确定为特别重大洪涝灾害事件,或者直接经济损失达到《国家电网有限公司安全事故调查规程》所规定的1亿元以上
	洪涝灾害造成电网设施设备大范围损毁,减供负荷或停电用户数达到《电力安全事故应急救援和调查处理条例》所规定特别重大事件条件
	公司应急领导小组视洪涝灾害危害程度、救灾能力和社会影响等综合因素,研究确定为洪涝灾害特别重大事件
重大事件	政府或上级部门确定为重大洪涝灾害的事件,或者直接经济损失达到《国家电网有限公司安全事故调查规程》所规定的5000万元以上1亿元以下
	洪涝灾害造成电网设施设备大范围损毁,减供负荷或停电用户数达到《电力安全事故应急救援和调查处理条例》所规定的重大事件条件
	公司应急领导小组视洪涝灾害危害程度、救灾能力和社会影响等综合因素,研究确定为洪涝灾害重大事件的

续表

洪涝灾害 事件分级	分级依据
较大事件	洪涝灾害造成的直接经济损失达到《国家电网有限公司安全事故调查规程》所规定的 1000 万元以上 5000 万元以下者
	洪涝灾害造成电网设施、设备较大范围损坏，减供负荷或停电用户数达到《电力安全事故应急救援和调查处理条例》所规定的较大事件条件
	公司应急领导小组视洪涝灾害危害程度、救灾能力和社会影响等综合因素，研究确定为洪涝灾害较大事件
一般事件	洪涝灾害造成的直接经济损失达到《国家电网有限公司安全事故调查规程》所规定的 100 万元以上 1000 万元以下者
	洪涝灾害造成电网设施、设备较大范围损坏，减供负荷或停电用户数达到《电力安全事故应急救援和调查处理条例》所规定的一般事件条件
	公司应急领导小组视洪涝灾害危害程度、救灾能力和社会影响等综合因素，研究确定为洪涝灾害一般事件

注 出现上述洪涝灾害事件分级中任一种情况时，即将其定为该级别洪涝灾害事件。

4.1.2 洪涝灾害预警分级

通过省（市）防汛抗旱指挥部及气象部门发布的灾害预报，上级单位、部门发布的恶劣天气预警，以及设备灾害在线监测装置等不同监测方式获取风险信息，对监测到的异常信息进行分析后，根据洪涝灾害事件级别、可能造成的危害和影响范围，洪涝灾害预警级别分为 4 级，一级为最高级别，见表 4-2。

表 4-2　　　　　　　　　　　洪涝灾害预警分级

洪涝灾害 预警分级	分级依据	分级颜色
一级预警	预判可能发生特别重大、重大洪涝灾害事件	红色
	省防汛抗旱指挥部等相关应急管理部门或上级单位发布洪涝灾害一级预警	
	两个及以上市公司同时发布洪涝灾害一级预警	
	视洪涝灾害预警情况、可能危害程度、救灾能力和社会影响等综合因素，研究发布一级预警	
二级预警	预判可能发生重大洪涝灾害事件	橙色
	省防汛抗旱指挥部等相关应急管理部门或上级单位发布洪涝灾害二级预警	
	两个及以上市公司同时发布洪涝灾害二级预警	

洪涝灾害预警分级	分级依据	分级颜色
二级预警	视洪涝灾害预警情况、可能危害程度、救灾能力和社会影响等综合因素，研究发布二级预警	橙色
三级预警	预判可能发生较大洪涝灾害事件	黄色
	省防汛抗旱指挥部等相关应急管理部门或上级单位发布洪涝灾害三级预警	
	两个及以上市公司同时发布洪涝灾害三级预警	
	视洪涝灾害预警情况、可能危害程度、救灾能力和社会影响等综合因素，研究发布三级预警	
四级预警	预判可能发生一般洪涝灾害事件	蓝色
	省防汛抗旱指挥部等相关应急管理部门或上级单位发布洪涝灾害四级预警	
	两个及以上市公司同时发布洪涝灾害四级预警	
	视洪涝灾害预警情况、可能危害程度、救灾能力和社会影响等综合因素，研究发布二级预警	

注　出现上述预警分级中任一种情况时，即将其定为该级别洪涝灾害预警。

4.1.3　汛情灾害响应分级

根据公司总体预案要求，结合公司情况，汛情灾害应急响应可分为 4 级，I 级为最高级别，见表 4-3。

表 4-3　　　　　　　　　　汛情灾害应急响应分级

应急响应分级	分级依据	分级颜色
I 级响应	发生重大及特别重大洪涝灾害事件	红色
	公司专项处置领导小组视洪涝灾害预警情况、可能危害程度、救灾能力和社会影响等综合因素，研究发布 I 级应急响应	
	收到国家电网有限公司、省政府发布的洪涝灾害事件要求进入 I 级响应的通知，经公司防汛工作领导小组同意需要进入 I 级响应，由组长签批后发布	
II 级响应	发生较大洪涝灾害事件	橙色
	公司防汛工作领导小组视洪涝灾害预警情况、可能危害程度、救灾能力和社会影响等综合因素，研究发布 II 级应急响应	
	收到国家电网有限公司、省政府发布的洪涝灾害事件要求进入 II 级响应的通知，经公司防汛工作领导小组同意需要进入 II 级响应，由常务副组长签批后发布	

续表

应急响应分级	分级依据	分级颜色
Ⅲ级响应	发生较大洪涝灾害事件	黄色
	公司防汛工作领导小组视洪涝灾害预警情况、可能危害程度、救灾能力和社会影响等综合因素，研究发布Ⅲ级应急响应	
	收到国家电网有限公司、省政府发布的洪涝灾害事件要求进入Ⅲ级响应的通知，经公司防汛工作领导小组同意需要进入Ⅲ级响应，由防汛办主任签批后发布	
Ⅳ级响应	发生一般洪涝灾害事件	蓝色
	公司防汛工作领导小组视洪涝灾害预警情况、可能危害程度、救灾能力和社会影响等综合因素，研究发布Ⅳ级应急响应	
	收到国家电网有限公司、省政府发布的洪涝灾害事件要求进入Ⅳ级响应的通知，经公司防汛工作领导小组同意需要进入Ⅳ级响应，由防汛办主任签批后发布	

注 出现上述响应分级中任一种情况时，即将其定为该级别应急响应。

4.1.4 突发事件处置原则

防汛突发事件是指突然发生，造成或者可能造成严重的设备设施损坏，需要公司采取应急处置措施予以应对，或者参与应急救援的洪涝灾害事件。

防汛突发事件往往是相互交叉和关联的，可能和其他类别的事件同时发生，或引发次生、衍生事件，应当具体分析，统筹应对。

防汛突发事件处置遵循，以人为本、减少危害，居安思危、加强监测，统一领导、分级负责，把握全局、突出重点，快速反应、协同应对，依靠科技、提高能力的原则。

4.2 电网防汛应急管理

4.2.1 应急组织体系

1. 公司层面防汛力量

（1）防汛事件专项处置领导小组及职责。按照《国网河南省电力公司突发事件总体应急预案》中关于应急处置指挥机构的要求，成立防汛事件专项处置领导小组（以下简称"专项处置领导小组"）作为公司防汛事件处置的指挥机构。组长由公司董事长担任，常务副组长由分管安全生产副总经理担任，成员由财务部、安监部、设备部、建设部、营销部、物资部、外联部、后勤部、调控中心、配网办、特高压部、集管办主要负责人组成；专项处置领导小组根据事件进展情况，必要时成立现场工作组，组织相关部门成员及应急专家参与处置工作。专项处置领导小组的具体工作如下。

1）履行接受国家电网有限公司、河南省政府相关指挥机构的领导，统一指挥公司防汛应急事件处置应对工作。

2）组织各成员部门开展电网恢复、设备抢修、供用电服务、物资保障、通信保障、新闻舆情、安全监督和保卫、后勤保障等专项工作，组织开展应急处置。

3）宣布公司启动、调整和终止事件预警和响应。

4）负责公司防汛应急事件处置工作向上级单位和河南省政府相关职能部门提出援助申请。

5）决定披露防汛应急事件相关信息等职责。

（2）专项处置领导小组办公室及职责。专项处置领导小组下设专项处置领导小组办公室（以下简称"专项处置办公室"），办公室主任由设备部主要负责人担任，成员由专项处置领导小组成员部门相关人员组成。各单位根据本单位防汛应急预案成立洪涝灾害事件应急处置机构，成员参照公司相应机构确定，成员名单和通信联系方式上报公司。专项处置办公室的具体工作如下。

1）履行落实专项处置领导小组部署的各项任务，会同相关部门开展防汛应急事件风险监测，及时提出预警和响应的发布、调整、终止建议。

2）收集并汇总防汛应急事件信息，协调信息报告工作。

3）组织公司各专业部门、应急专家组开展应对工作。

4）根据专项处置领导小组应急指令，做好应急物资、应急队伍等应急资源的调拨工作。

5）做好防汛应急事件相关信息报告以及与政府相关职能部门联动工作。

6）及时与重要用户沟通，交换信息，实现联动处置，支援用户应急供电。

7）组织正确引导舆情并及时对外披露相关信息等职责。

（3）公司各单位应急指挥机构。公司各单位应急指挥机构参照上述原则设置，指挥机构根据各单位实际自行设置，负责职责范围内的应急处置工作。

2. 分部层面防汛力量

（1）部主任。汛期统筹分部防汛整体工作；抢险期间担任现场指挥。

（2）分部副主任。汛前组织修编现场处置方案，指导开展应急演练，安排物资补充及设施整修；监督汛期班组对各类预警、响应发布命令措施的执行；抢险期间指挥运维专业开展设备停电、抢险及送电。

（3）班站长。汛前组织本站防汛设施、物资排查；负责物资补充及设施整修的现场闭环；汛期按照要求组织班组落实各项预警响应措施；抢险期间服从现场指挥要求，组织班组开展设备特巡、抢险送电及防汛抢险信息的收集上报。

（4）值班长。汛前按照要求开展排查；汛中带领本值执行各类响应措施；抢险期间负责执行特巡、联系调度、负责操作、参与抢险。

（5）班组成员。汛前按值班长要求开展排查；汛中在值班长安排下执行各类响应措施；抢险期间按值班长要求开展特巡、参与操作及抢险。

3. 社会层面防汛力量

社会层面的防汛力量主要包括分部外聘物业公司、框架设施单位、站区所在地区村委会、街道办事处、市防汛应急管理中心等。其主要负责的工作如下。

（1）对站外排水沟进行检查、疏通工作。

（2）接到公司防汛应急Ⅱ级响应命令要求后，分部防汛专责联系物业负责人，安排分部物业服务人员6人和保安4人驻站。

（3）装填防汛沙袋，并按要求摆放在指定位置。

（4）站内如出现少量积水且水位有上升趋势时，由防汛专责联系框架设施单位负责人，安排应急抢险人员20人驻站应急及1辆钩机进行驻站、准备1000条沙袋应急备用根据汛情发展情况，在站内外摆放围堰。

（5）站内积水持续增加时，分部副主任可与所在地村委联系，请求组织10人规模的应急队伍待命；与街道办事处书记联系，请求组织30人规模的应急队伍待命，视汛情发展情况，随时到站支援。

（6）根据汛情发展情况，安排4名人员在站外东、西、南、北四条道路上观察站外水势，每半小时报告一次。

（7）安排 2 名物业服务人员提前将 2 卷防雨布准备好随时对室内二次设备进行防雨处理。

（8）降雨停止后，对站内电缆沟进行抽水、通风散潮。

（9）防汛设施回收。

4.2.2 防汛险情分类

防汛管理应急处理预案将防汛险情状态紧急程度分为非常紧急状态、紧急状态和警戒状态 3 类。

1. 非常紧急状态

（1）国家电网公司所属全资或控股的任何一个水电站大坝或所处流域出现入库洪水为超标洪水、水库水位接近设计洪水位、入库洪水达到 100 年一遇洪水标准或接近建坝后历史最大洪水、大坝出现严重险情等任一种情况时。

（2）因洪水直接造成任何一个省级电力公司发生重大及以上电网事故或两个及以上省级电网公司减供负荷导致发生一般电网事故。

（3）国家或省级政府宣布进入紧急防汛期。

（4）国家或省级政府决定实施分洪措施。

（5）重要城市的防洪堤接近危险控制水位。

（6）其他与防汛有关的非常重大事项。

2. 紧急状态

（1）国家电网有限公司所属全资或控股的任何一个水电站所处流域出现超过 50 年一遇的洪水。

（2）因洪水直接造成任何一个省级电网公司减供负荷导致发生一般电网事故。

（3）国家电网有限公司所属全资或控股的任何一个水电站所处下游重要城市的防洪堤防超过警戒控制水位。

（4）其他与防汛有关的重大事项。

3. 警戒状态

（1）国家电网有限公司所属全资或控股的任何一个水电站所处流域出现超过 20 年一遇的洪水。

（2）因洪水直接造成任何一个 220kV 及以上变电站停运或 220kV 及以上线路断线倒杆。

（3）因洪水直接造成任何一个火电厂全厂对外停电。

（4）因洪水直接造成任何一个大型电力基建工程停工。

（5）其他与防汛有关的注意事项。

4.2.3 预防与预警

1. 风险监测与分析

国网河南省电力公司各专业管理部门及各单位应密切监测防汛风险，积极开展防汛突发事件预测分析，落实风险预控措施。风险信息由各专业部门进行日常监测，对监测到的异常信息应分析可能发生的结果、预测可能造成的影响。

公司及各单位应与政府有关部门建立相应的洪涝灾害及洪涝次生、衍生灾害监测预报预警联动机制，实现灾情、险情等信息的实时共享。各单位在洪涝灾害多发期，应密切注意省（市）防汛抗旱指挥部及气象部门发布的灾害预报，加强对所属电网设施设备的巡查，掌握灾情；利用设备灾害在线监测装置等预报监测系统、防灾减灾信息系统，对出现的洪涝灾害做到早获得风险数据，及时上报公司各专业管理部门。

防汛突发事件应对洪涝灾害的基本情况和可能涉及的因素，如预计发生的时间和区域、电网和供电影响预判情况及涉及范围，可能引发的次生、衍生事件，以及事件的危害程度，如可能造成的人身伤亡、电网受损、财产损失，对经济发展和社会稳定造成的影响和危害等进行预测和分析。

2. 预警发布

公司各部门、应急办公室接到各单位上报洪涝灾害预警信息、省政府相关部门、上级单位发布的洪涝灾害预警信息后，立即汇总相关信息至应急办，由应急办协同设备部进行初步分析研判，如研判需要发布公司洪涝灾害预警通知，应急办根据影响程度，组织设备部、营销部、物资部、外联部、调控中心等部门相应人员进行会商，提出防汛事件预警建议并拟定预警通知单，报请公司专项处置领导小组批准后，由公司应急办公室发布。如研判后认为暂不需要发布预警通知，由应急办负责通报相关部门和单位做好事件监测和事态分析，必要时再履行预警发布程序。

防汛事件预警信息内容包括险情类别、预警级别、预警期、预警依据、预警行动等，预警等级与相应人员对应关系见表4-4。

表 4-4　　　　　　　　　预警等级与相应人员对应关系

预警等级	应急会商人员		签批人
	主持	参与人员	
蓝色	应急办工作人员	相关部门处长或专责	应急办主任
黄色	应急办主任（或授权人）	相关部门副主任	总经理助理或安全总监
橙色	总经理助理或安全总监	相关部门主任	副总经理
红色	副总经理	相关部门主任	副总经理

国网河南省电力公司防汛预警通知发布流程如图4-1所示。

3. 预警行动

（1）一、二级预警行动。发布防汛事件一、二级预警信息后，应采取以下部分或全部措施。

1）有关部门和单位收集并定时向应急值班报送相关信息，密切关注事态发展，开展突发事件预测分析，值班人员汇总整理事件信息经批准后统一发布。

2）设备部、建设部、营销部、后勤部、调控中心等部门做好专业领域内应急抢修准备，重点做好抢修队伍及物资准备，做好应急值班期间的后勤保障，安排值班室，提供工作餐、办公用品等。

3）有关职能部门根据职责分工协调组织应急队伍、应急物资、应急电源、交通运输等准备工作，合理安排电网运行方式、做好异常情况处置、舆论引导和新闻宣传准备。

4）防汛工作领导小组成员及时到位，掌握相关事件信息，研究部署处置工作。

5）采取必要措施，加强对重要用户的供电保障工作。

6）各单位发布预警信息后，应立即向公司防汛办和公司应急办报送。

7）营销部、设备部起草需政府协调事项，经公司防汛领导小组批准后向省防指和政府电力主管部门报告。

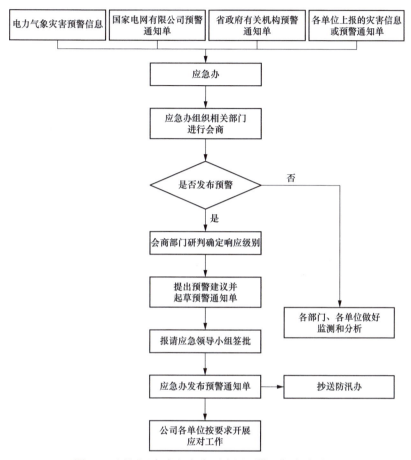

图 4-1　国网河南省电力公司防汛预警通知发布流程

8）加强设备巡视和运行监视，营销部对可能涉及的重要用户、小区等发送预警通知单。

9）配合政府城建等相关部门督导重要用户、地下配电所落实防涝措施，在可能导致配电所进水被淹的所有入口处安排专人到岗到位，布置防淹措施，做好 24h 不间断盯防准备，防止地下配电设施淹停。

10）做好重要用户受汛淹停后的快速复电准备工作。

（2）三、四级预警行动。发布防汛事件三、四级预警信息后，应采取以下部分或全部措施。

1）应急办密切关注事态发展，收集相关信息。

2）有关部门和单位根据职责分工督促各单位做好组织应急抢修和应急物

资、应急电源、交通运输等准备工作，督促合理安排电网运行方式、做好异常情况处置和相关信息发布准备。

3）各单位按本单位预案规定，合理安排电网运行方式，加强设备巡视、监测和值班。

4）应急办及时收集和报送电网设施设备受损、气象、电网运行等信息，做好相关信息发布准备。

5）各单位做好组织应急队伍、应急物资、应急电源、交通运输的准备工作。

6）各单位发布预警信息后，应立即向公司防汛办和公司应急办报送。

7）营销部、设备部起草需政府协调事项，经公司防汛领导小组批准后向省防指和政府电力主管部门报告。

8）加强设备巡视和运行监视，营销部对可能涉及的重要用户、小区等发送预警通知单。

9）配合政府城建等相关部门督导重要用户、地下配电所落实防涝措施。

10）做好重要用户受汛淹停后的快速复电准备工作。

4. 预警调整和结束

（1）预警调整。应急办根据预警阶段洪涝灾害发展趋势和预警行动效果，提出对预警级别调整的建议，报公司应急领导小组批准后发布。

（2）预警结束。政府相关部门或上级单位发布预警结束通知，事态发展已经得到控制且不满足预警条件；根据洪涝灾害发展态势，有关情况证明已不可能发生突发事件，危险已经解除。应急办报请应急领导小组批准后发布预警结束通知，终止或逐步终止已采取的有关措施。如预警期满或直接进入应急响应状态，预警自动解除。

4.2.4 应急响应

1. 先期处置

防汛突发事件发生后，立即组织营救受伤害人员，疏散、撤离、安置受到威胁的人员，控制危险源，标明危险区域，封锁危险场所，采取其他防止危害扩大的必要措施；事发单位立即启动预案，向公司有关部门及所在地人民政府报告。

2. 响应启动

公司各部门收到政府部门、国家电网有限公司发布的响应命令，收到公司各单位发布的突发事件信息或响应命令，收到气象、水利、自然资源等相关单位发布的灾害预警信号等各类突发事件预警信息后，或预警期事态发展有不利趋势，应立即通报防汛办。

防汛办接到事发单位信息报告后，立即核实事件性质、影响范围与损失等情况，研判突发事件可能造成重特大损失或影响时，立即向公司分管领导报告，提出应急响应类型和级别建议，经批准后，成立应急指挥部，并通知指挥长、相关部门、事发单位、相关单位到岗到位，并组织启动应急指挥中心及相关信息支撑系统。在研判确定直接发布响应命令或指挥长令情况下，各会商部门需拟定响应行动，由防汛办起草响应命令或指挥长令，经批准后，防汛办组织开展应急处置工作，与政府有关部门联系沟通，组织开展信息披露工作。如研判后认为暂不需要发布响应命令，各会商部门应明确是否需要发布预警通知，或通报相关部门和单位做好事件监测和事态分析，必要时再履行响应命令或预警通知发布程序。响应等级与相应人员对应关系见表4-5。

表 4-5   响应等级与相应人员对应关系

响应等级	应急会商人员		签批人
	主持	参与人员	
Ⅲ、Ⅳ级	防汛办主任	防汛工作领导小组所有成员部门	防汛办主任
Ⅱ级	副总经理	防汛工作领导小组副组长及所有成员部门	常务副组长
Ⅰ级	董事长或总经理	防汛工作领导小组常务副组长、副组长及所有成员部门	组长

国网河南省电力公司防汛响应命令发布流程如图4-2所示。

3. 分级响应行动

公司启动应急响应后，发生洪涝灾害的供电单位应启动该单位最高级别应急响应，按照防汛工作领导小组统一指挥和部署，组织、协调本地区防汛应急处置工作。

（1）Ⅰ级响应行动。

1）研究启动Ⅰ级应急响应，成立应急指挥部，协调、组织、指导处置工

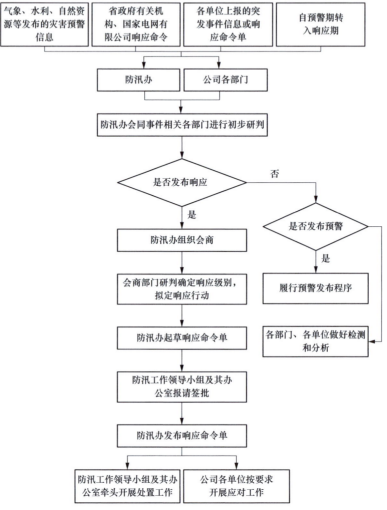

图 4-2　国网河南省电力公司防汛响应命令发布流程

作，并将处置情况汇报公司防汛工作领导小组。

2）启用公司应急指挥中心，召开首次会商会议，就有关重大应急问题做出决策和部署。

3）开展 24h 应急值班，做好信息汇总和报送工作。

4）防汛工作领导小组组长、副组长及全体成员部门负责人在本部指挥，根据灾害发生情况，委派现场工作组赶赴事发现场，协调指导基层单位开展应急处置工作。

5）对事发单位做出处置指示，责成有关部门立即采取相应应急措施，按照处置原则和部门职责开展应急处置工作。

6）与政府职能部门联系沟通，做好信息发布及舆论引导工作。

7）跨市跨区调集应急队伍和抢险物资，协调解决应急通信、医疗卫生、后勤支援等方面问题。

8）必要时请求政府部门和上级单位支援。

9）防汛办派专业人员到省防指、省水利厅参加联合值班，及时向防汛工作领导小组汇报全省汛情发展情况。

10）营销部、设备部起草需政府协调事项，经公司防汛领导小组批准后向省防指和政府电力主管部门报告。

11）加强设备巡视和运行监视，营销部对可能涉及的重要用户、小区等发送预警通知单。

12）配合政府城建等相关部门督导重要用户、地下配电所落实防涝措施，在可能导致配电所进水被淹的所有入口处安排专人到岗到位，布置防淹措施，做好 24h 不间断盯防，防止地下配电设施淹停。

13）统一调配公司应急发电装备，协助重要用户快速复电工作，做好地下配电站房受汛淹停后的快速复电工作。

14）做好停电情况收集统计，跟进掌握重要用户恢复、停电小区复电和应急发电车调配使用等重要信息，及时报送公司防汛领导小组。每日 08:00、14:00、18:00 向省防指报告工作动态。

（2）Ⅱ级响应行动。

1）研究启动Ⅱ级应急响应，成立应急指挥部，协调、组织、指导处置工作，并将处置情况汇报公司防汛工作领导小组。

2）启用公司应急指挥中心，召开首次会商会议，就有关重大应急问题做出决策和部署。

3）开展 24h 应急值班，做好信息汇总和报送工作。

4）防汛工作领导小组常务副组长及全体成员部门负责人在本部指挥，根据灾害发生情况，委派现场工作组赶赴事发现场，协调指导基层单位开展应急处置工作。

5）防汛办派专业人员到省防指、省水利厅参加联合值班，及时向防汛工作领导小组汇报全省汛情发展情况。

6）营销部、设备部起草需政府协调事项，经公司防汛领导小组批准后向省防指和政府电力主管部门报告。

7）加强设备巡视和运行监视，营销部对可能涉及的重要用户、小区等发送预警通知单。

8）配合政府城建等相关部门督导重要用户、地下配电所落实防涝措施，在可能导致配电所进水被淹的所有入口处安排专人到岗到位，布置防淹措施，做好 24h 不间断盯防，防止地下配电设施淹停。

9）协助重要用户快速复电工作，做好地下配电站房受汛淹停后的快速复电工作。

10）做好停电情况收集统计，跟进掌握重要用户恢复、停电小区复电和应急发电车调配使用等重要信息，及时报送公司防汛领导小组。每日 08:00、18:00 向省防指报告工作动态。

（3）Ⅲ级响应行动。

1）研究启动Ⅲ级应急响应，指导协调处置工作，并将处置情况汇报公司防汛工作领导小组。

2）开展 24h 应急值班，做好信息汇总和报送工作。

3）防汛工作领导小组副组长或防汛办主任在本部指挥，根据灾害发生情况，委派现场工作组赶赴事发现场，协调指导基层单位开展应急处置工作。

4）营销部、设备部起草需政府协调事项，经公司防汛领导小组批准后向省防指和政府电力主管部门报告。

5）加强设备巡视和运行监视，营销部对可能涉及的重要用户、小区等发送预警通知单。

6）配合政府城建等相关部门督导重要用户、地下配电所落实防涝措施，在可能导致配电所进水被淹的所有入口处安排专人到岗到位，布置防淹措施，防止地下配电设施淹停。

7）协助重要用户快速复电工作，做好地下配电站房受汛淹停后的快速复电工作。

8）做好停电情况收集统计，跟进掌握重要用户恢复、停电小区复电和应急发电车调配使用等重要信息，及时报送公司防汛领导小组。每日 18:00 向省防指报告工作动态。

（4）Ⅳ级响应行动。

1）研究启动Ⅳ级应急响应，指导协调处置工作，并将处置情况汇报公司防汛工作领导小组。

2）事件处置牵头负责部门或防汛办开展应急值守，及时跟踪事件发展情况，收集汇总分析事件信息。其他部门按职责开展应急工作。

3）防汛办主任或其授权的成员部门负责人在本部指挥。

4）营销部、设备部起草需政府协调事项，经公司防汛领导小组批准后向省防指和政府电力主管部门报告。

5）加强设备巡视和运行监视，营销部对可能涉及的重要用户、小区等发送预警通知单。

6）配合政府城建等相关部门督导重要用户、地下配电所落实防涝措施。

7）协助重要用户快速复电工作，做好地下配电站房受汛淹停后的快速复电工作。

8）做好停电情况收集统计，跟进掌握重要用户恢复、停电小区复电和应急发电车调配使用等重要信息，及时报送公司防汛领导小组。每日18:00向省防指报告工作动态。

4. 响应调整与结束

根据事态发展变化，防汛办提出应急响应级别调整建议，经防汛工作领导小组批准后，按照新的应急响应级别开展应急处置。突发事件得到有效控制、危害消除后，指挥长提出结束应急响应建议，经总指挥批准后，宣布应急响应结束。

4.2.5 应急保障

1. 队伍保障

公司设备部应建立健全应急抢修队伍，加强应急抢修队伍、应急专家队伍、应急救援基干分队的建设和管理，做到专业齐全、人员精干、装备精良、反应快速，并逐步建立社会应急抢修资源协作机制，持续提高防汛事件应急处置能力。

2. 通信保障

公司按照统一系统规划、统一技术规范、统一组织建设，必要时统一调配使用的原则，持续完善电力专用和公用通信网，建立有线和无线相结合、基础公用网络与机动通信系统相配套的应急通信系统，确保防汛应急处置过程中通信畅通、信息安全；建立有效的通信联络机制，完善政府相关防汛应急机构、社会救援组织、重要用户群体等的联络方式，保证信息流转的上下内外互通。

3. 物资保障

公司建立健全防汛物资装备储存、维护、调拨和紧急配送机制。公司各单位应投入必要的资金，结合本单位的仓储网络规划，确保在各经营区域内至少建立一个防汛应急物资储备库，储备防汛应急救援与处置所需的通用救灾装备和物资，确保防汛应急处置需要。

4. 应急电源保障

公司加强防汛应急电源系统建设，各单位根据自身情况配备各种类型、各种容量应急电源车、应急发电机等；并加强应急电源的日常维护和保养，保证应急电源可以立即投入使用。加强与政府的协作，促请政府加大工作力度，督促高危企业、高密人口聚集场所、重要商业金融场所、电气化交通等用户按照国家及国家有关部门要求，配置符合标准的应急电源，做好操作人员的培训工作。

5. 备用调度保障

公司加强电网各级备用调度体系的建设，做好备用调度系统的管理和运维，健全备用调度常态运转机制，保证紧急时刻备用调度能顺利启用，确保调度机构不间断指挥能力。

6. 应急指挥中心保障

公司建设各级应急指挥中心和应急管理信息平台，实现应急工作管理、应急处置、辅助应急指挥等功能，满足公司各级应急指挥中心互联互通，以及与政府相关应急指挥中心联通要求，完成指挥员与现场的高效沟通及信息快速传递，为应急管理和指挥决策提供丰富的信息支撑和有效的辅助手段。

7. 协同联动机制保障

公司建立各级单位之间防汛应急救援协调联动和资源共享机制，研究建立与政府部门、社会机构、电力用户、其他企业建立防汛应急沟通与协作支援机制，协同开展防汛事件处置工作；加强与交通运输、铁道部门、民航部门的沟通与协调，加强与社会物流企业的合作，合理使用社会交通运输资源。

8. 后勤保障

按照"分级负责、属地为主"的原则，做好防汛事件处置期间抢修人员的生活、交通等后勤保障和应急指挥中心日常运行后勤保障。

9. 安全保卫与防护保障

各单位要做好防汛事件处置过程中的安全监督，各级保卫部门要加强对重要场所、重点人群、重要物资和设备的安全保卫，完善紧急疏散管理办法和程序，确保在防汛事件发生后人员安全、有序的转移或疏散；要为防汛应急队伍和参加防汛处置人员提供安全防护装备，采取必要的防护措施，严格按照处置程序科学开展防汛应急处置工作，确保人员安全。

4.2.6 后期工作

1. 善后处置

（1）贯彻"考虑全局、突出重点"原则，公司专项处置办公室要组织对善后处理、恢复重建工作进行规划和部署，组织事发单位制定抢修恢复方案。

（2）公司专项处置办公室督促事发单位认真开展设备隐患排查和治理工作，避免次生事件的发生，确保电网安全稳定运行。

（3）公司专项处置办公室督促事发单位整理受损电网设施、设备资料，做好相关设备记录、图纸的更新，加快抢修恢复速度，提高抢修恢复质量，尽快恢复正常生产秩序。

（4）妥善处理好向媒体后续信息的披露工作。

2. 保险理赔

公司专项处置办公室要组织事发单位及时统计人员伤亡、设备设施损失情况，经相关部门核实后，由财务部牵头联系保险公司按保险合同有关约定索赔。

3. 恢复与重建

防汛事件应急处置工作结束后，各单位要积极组织受损设施、场所和生产经营秩序的恢复重建工作。对于重点部位和特殊区域，要认真分析研究，提出解决建议和意见，按有关规定报批实施。

4. 实践调查

洪涝灾害应急响应终止后，除按照国家政府部门要求配合进行事件调查外，公司还应按照《国家电网有限公司安全事故调查规程》开展调查。公司专项处置办公室组织对特别重大、重大以及影响范围较大突发防汛事件的起因、性质、影响、经验教训和恢复重建等问题进行调查，提出防范和改进措施，并向公司专项处置领导小组报告。

5. 处置与评估

公司应急办应按照公司有关要求，及时组织开展防汛突发事件应急处置评估调查并形成应急处置评估调查报告，内容应包括异常信息监测与接收、防汛事件信息通报、会商与研判、预警通知或响应命令的发布、应急指挥与协调、电网恢复、供电服务、信息报告、信息发布、社会联动、善后工作等环节。事发单位应做好应急处置全过程资料收集保存工作，主动配合评估调查，并对应急处置评估调查报告有关建议和问题进行闭环整改。

第5章 电网汛期管理实践

防汛工作重在预防，其次是做好应急预案的编制及演练，强化应急处理能力。本章展示了国网河南省电力公司应对"7·20"特大暴雨灾害的整个流程，在防汛工作中，国网河南省电力公司全面贯彻落实国家电网有限公司、河南省委省政府关于做好防汛工作的各项要求，全面做好防汛工作准备，积极进行汛情应对，并在汛期结束后认真总结分析，确保汛期河南电网安全稳定运行和电力可靠供应。

5.1 工 作 部 署

5.1.1 汛期气象分析

综合分析中国、美国、欧洲、英国等多家气候预测结果，得到以下预测结论。

（1）预计2021年度夏期间河南省降水时空分布不均，局地短时对流天气较多。其中豫北、豫东地区降水整体偏多2~3成，该区域局地短时强降水过程引发洪涝灾害的风险较高。预计全省气温偏高0~1℃，其中豫西南和豫南偏高1~2℃。

（2）2021年登陆我国台风个数偏多，强度偏强，台风北上影响河南省的概率较高。

（3）2021年夏季，今年汛期河南省降水时空分布不均，中北部地区降水偏多2成左右，区域性、阶段性洪涝灾害风险较高。

5.1.2 防汛工作部署

国网河南省电力公司认真落实国家电网有限公司、省委省政府防汛工作部署，紧密围绕"五个确保"（即确保电网安全稳定运行，确保项目建设现场安全，确保水库大坝安全，确保应急管理及时有效，确保责任措施落实到位）防汛工作目标，成立防汛工作领导小组，多次召开防汛专题会议，行文印发《国网河南省电力公司关于全面做好 2021 年防汛工作的通知》《国网河南省电力公司 2021 年防汛工作方案》，细化任务措施，明确工作责任，做到思想到位、组织到位、责任到位、措施到位。

在扎实开展防汛"五个一"（即向政府做一次防汛专题汇报，开展一次防汛联合演习，开展一次排涝站、城市交通、医院、铁路等保障城市安全的重要客户供电中断风险排查，开展一次电力防汛宣传，开展一次防汛工作专项督查）、加强防汛抢险人员及物资储备、建立"两清单、一明细"（重要防汛设施清单、重点单位和重要场所清单，防汛隐患排查明细）、认真做好天气预测预警和防汛形势分析等工作的基础上，国网河南省电力公司针对 2021 年防汛形势，坚持"安全第一，常抓不懈，预防为主，全力抢险"的工作方针，全面做好防汛工作保障，提前部署下一阶段年度防汛重点工作。

5.2　汛　前　准　备

5.2.1　防汛领导小组调整

为全面落实国家电网有限公司关于电网防汛工作的各项部署，各单位认真总结河南特大暴雨应急抢险经验教训，同时要提高站位，认清形势，立足于防大汛、抗大洪、抢大险，全面加强组织领导，优化完善各级工作组织机构，细化落实各级职责，落实以各单位主要负责人为第一责任人的各级工作责任制，每年对电网防汛领导小组进行调整。成立以公司董事长、总经理为组长的防汛工作领导小组，全面加强组织领导，完善工作组织机构，牢固树立社会防汛全局观念，严格落实省防指防汛职责，用"四个心中有数"（即责任心中有数，存在问题心中有数，关键环节心中有数，防汛效果心中有数）指导防汛工作，全力保障防汛、抢险、重点防洪调度工程电力可靠供应。印发《国网河南省电力公司关于全面做好 2021 年防汛工作的通知》《国网河南省电力公司 2021 年防汛工作方案》《防汛工作手册》，修订防汛工作手册、防汛事件应急预案，编制防汛工作周报，明确防汛工作总体目标，细化任务措施，督导防汛工作开展，持续推动防汛工作由被动抢险向主动预防转变，由减轻灾害损失向降低灾害风险转变。

《国网河南省电力公司关于全面做好 2021 年防汛工作的通知》，分别从加强组织领导、严抓责任落实，深入开展"五个一"工作、筑牢防汛工作基础，狠抓汛前检查、健全隐患排查机制，做好防范准备、提升主动预防能力，紧盯重点环节、强化防汛风险管控，深化协同联动、提高防汛应急能力，做好防汛值班和汛后总结工作，全面加强公司电网防汛工作；《国网河南省电力公司 2021 年防汛工作方案》，则从指导思想、总体目标、汛期时间、组织机构、形势分析、重点工作任务、工作时间安排以及防汛工作保障等八个方面做出了具体要求。

5.2.2 强化"五个一"工作开展

（1）向各级政府部门进行多次专题汇报，解决突出问题，提请支持和帮助，健全与政府、水利、气象等部门的应急联动机制，不断提升防汛工作水平。

（2）开展省、市、县三级防汛专项应急演练，模拟防汛应急响应及现场处置的整个过程，提高防汛抢险实战能力。

（3）组织对低洼变电站所供的重要客户（如政府部门、水坝水库、泄洪泵站、广播电视台、医院、铁路、机场等）进行防汛风险排查，隐患全部治理完毕，提升服务保障水平。

（4）通过电视、报纸、微博、微信、现场宣传等方式开展电力防汛和电力设施保护宣传，积极营造良好舆论氛围。

（5）开展全省防汛现场督查，分组对公司所辖 18 家地市公司及 3 家直属单位开展防汛现场督导检查，督导汛前工作落实到位。

5.2.3 突出主动预防能力

1. 强化气象预测分析

入汛以来，累计发布《河南电力气象周报》《河南电力气象专报》《河南电力气象台信息简报》48 期，累计向基层单位及一线班组发送强降水、雷暴大风等预警短信 1586 条次，为防汛抢险赢得宝贵时间。

《河南电力气象周报》每周五中午编制，并面向河南电网发布，对未来 7 天的天气状况进行预测，并对可能受到影响的电网设备、设施进行预判；《河南电力气象专报》是在重要天气过程、节假日及重要保电活动之前，编制并面向河南电网发布，对未来一段时间的天气过程进行预测，对可能受到影响的电网设备、设施进行预判，并有针对性地提出生产建议；《河南电力气象台简报、快报》是在启动预警响应后，安排专业人员开展 24h 值班，根据响应等级定时发布，通报过去天气实况和未来天气预测情况；重要天气过程发生过程中，河南电力气象系统综合气象实况监测数据、预测数据和电网设备、设施信息，自动发布"预警短信"。

《河南电力气象周报》和《河南电力气象专报》模板分别如图 5-1 和图 5-2 所示。

2. 建设河南电力气象系统（防汛）、掌上电力气象 App

2021 年国网河南省电力公司以"挂图作战"理念为指导，按照"电力气象要为国网河南省电力公司防汛工作提供精细化支撑"的具体要求，河南电科院对现有数据、技术、服务模式进行全面整合，完成"河南电力气象系统"防汛

图 5-1 《河南电力气象周报》模板

图 5-2 《河南电力气象专报》模板

业务模块开发。

（1）建设国网河南电力气象（防汛）系统。其首页如图 5-3 所示。该系统以气象预测信息和防汛重点设备设施信息为基础，结合首批 500kV 变电站气象监测装置数据，进一步提升精细化分析预警监测能力，推动气象信息预报向设备综合风险预警转变；以气象预测、实况监测数据为基础，以防汛重点设备、设施为对象，充分发挥"河南电力气象台"技术平台优势，进一步提高监测预警的前瞻性、及时性、精准度。将河南省暴雨频次分布情况、地质灾害风险等级分布情况与易遭水淹、冲击变电站和线路杆塔信息结合，依托气象预测和实况监测数据，实现防汛重点设施、设备的汛情的实时监测。

（2）建设掌上电力气象 App。启动掌上电力气象 App 首批试用，开展班组强化培训，培训过程中引导班组使用预警任务、应急措施等应用，并收集使用问题、应用建议，对掌上电力气象 App 业务进行迭代完善；结合一站一策，自动评估变电站风险状况，生成站内物资、人员救援方案，及变电站附近可调度人员、物资数据，第一时间提供管理层掌握可调度资源信息，实现汛中有序应对。

3. 加强与气象部门会商

重要天气过程来临之前，与中央气象台、河南省气象局开展强降雨过程会

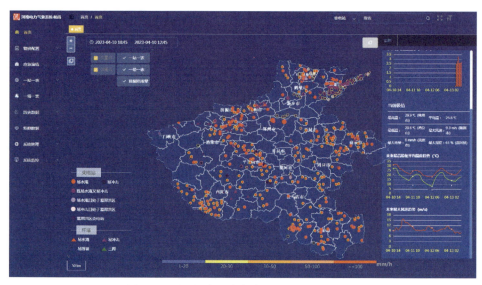

图 5-3　国网河南电力气象（防汛）系统首页

商，共同研判降雨过程发展趋势、短时局地大风等级，以及对河南电网的影响，及时获取最新的气象预测预警信息为河南电网的安全稳定运行提供信息支撑。国网河南省电力公司与省气象局签订战略合作协议，持续健全"长期—中长期—短期—临近"相结合的电力气象预测预警机制，定期与河南省气象局进行降雨过程会商，强化气象预测分析，进一步提高监测预警的前瞻性、及时性、精准度。图 5-4 所示为与河南省气象局进行视频会商。

图 5-4　与河南省气象局进行视频会商

5.2.4 深化"挂图作战""一站一表"

1. 挂图作战

国网河南省电力公司各单位密切联系各级防汛指挥机构，掌握当地蓄滞洪区及滩区分布，制作输变配设施防汛风险专题图，结合各专业隐患排查情况，标记出跨河及存在滑坡风险的杆塔、位于蓄滞洪区和滩区内的输变电设施，明确人员及应急抢修资源分布，图解说明防汛重点和形势，明确处置策略。公司汛前分发各地市公司，完成防汛"挂图作战"工作部署。为深化"挂图作战"应用，公司还在河南电力气象系统（防汛）中建设"挂图作战"模块，提升防汛快速响应能力。

2. 一站一表

开展全省变电站防汛设计参数及历史汛情收集，逐站分析计算最大排水能力，梳理"汛前排查准备、汛中有效应对、汛后检查治理"的标准化流程，明确处置的人员、物资及装备，明确各个降水等级对应的响应措施，以图表形式粘贴现场，汛前实现全省 35kV 以上变电站"一站一表"全覆盖。指导防汛抢险科学应对，提升防汛工作精准化、专业化、规范化水平。一站一表采用固定模板，由各单位进行编制。

一站一表模板如图 5-5 所示，其中防汛设施备选项有：①通过视频，开展站内设备、设施巡视；②适时启动本站防汛应急预案；③站内恢复有人值班；④开展设备、设施巡视，检查房屋渗漏、电缆沟积水等；⑤观察站内外地面积水情况；⑥排水设施放置到位，具备启动条件；⑦防汛沙袋、挡板安装到位；⑧启动排水设备，及时外排；⑨及时汇报，增补人员、防汛物资。

5.2.5 防汛隐患排查治理

立足"保民生、保供电"，主动履行社会责任，明确需要重点供电保障的堤防涵闸、分洪闸、退水闸等重要防汛设施清单，以及党政军机关、防汛机构等重点单位和重要场所清单，向各级防指进行专题汇报并进行备案。

持续开展防汛隐患排查治理，建立防汛隐患排查明细表并滚动修订，强化跟踪督导，完成易遭水淹变电站、冲击风险线路、滑坡风险杆塔等防汛隐患治

国家电网
STATE GRID
国网河南省电力公司
STATE GRID HENAN ELEC POWER COMPANY

_____变电站防汛措施明细表

主要人员信息

序号	职别	姓名	联系方式
1	变电运维中心专责		
2	XX运维班班　长		
3	设备主人		

设施设备基本信息

濮阳220千伏昆吾变电站投运于2011年12月，占地××平方米，历史平均降水量××毫米，历史最大降水量××毫米，站内排水采用强排，×台水泵，水泵型号××。

防守重点

1 防守重点1……　　　　4 防守重点1……

2 防守重点2……　　　　5 防守重点2……

3 防守重点3……　　　　6 防守重点3……

预警措施

序号	预警级别		预警发布	预警行动	预警调整和结束
1	蓝色预警	(1) 预判可能发生本预案所规定的洪涝灾害五级事件。 (2) 省防汛抗旱指挥部等相关应急管理部门或上级单位发布洪涝灾害四级预警； (3) 两个及以上地市级供电公司同时发布洪涝灾害四级及以上预警； (4) 视洪涝灾害预警情况、可能危害程度、救灾能力和社会影响等综合因素，研究发布四级预警			
2	黄色预警	(1) 预判可能发生本预案所规定的一般洪涝灾害事件。 (2) 省防汛抗旱指挥部等相关应急管理部门或上级单位发布洪涝灾害三级预警； (3) 两个及以上地市级供电公司同时发布洪涝灾害三级及以上预警； (4) 视洪涝灾害预警情况、可能危害程度、救灾能力和社会影响等综合因素，研究发布三级预警			
3	橙色预警	(1) 预判可能发生本预案所规定的较大洪涝灾害事件。 (2) 省防汛抗旱指挥部等相关应急管理部门或上级单位发布洪涝灾害二级预警； (3) 两个及以上地市级供电公司同时发布洪涝灾害二级及以上预警； (4) 视洪涝灾害预警情况、可能危害程度、救灾能力和社会影响等综合因素，研究发布二级预警			
4	红色预警	(1) 预判可能发生本预案所规定的特别重大、重大洪涝灾害事件。 (2) 省防汛抗旱指挥部等相关应急管理部门或上级单位发布洪涝灾害一级预警； (3) 两个及以上地市级供电公司同时发布洪涝灾害一级预警； (4) 视洪涝灾害预警情况、可能危害程度、救灾能力和社会影响等综合因素，研究发布一级预警			

应急响应

序号	响应分级	先期处置	响应启动	响应调整与结束
1	I级			
2	II级			
3	III级			
4	IV级			

图 5-5　"一站一表"模板

理，完成地下开闭所（配电站房）防水封堵改造及排水系统升级。

5.2.6　加强人员物资储备

强化防汛抢险队伍建设，成立省、市、县三级防汛抢险应急基干分队。按照"宁可备而不用，不可用时无备"的原则，认真梳理备品备件、防汛抢险等应急物资储备情况，切实保障库存物资安全可用。

1. 防汛抢修队伍

防汛抢修队伍职责为：经营区域内发生重特大洪涝灾害时，负责以最快速度到达灾区，防堵抢修受灾变电站、输电杆塔、公司资产配电站房，协助政府开展抢修救援，提供应急供电保障；及时掌握并反馈受灾地区电网受损情况及社会损失、地理环境、道路交通、天气气候、灾害预报等信息，收集影像资料，提出防汛抢修建议，为公司应急指挥提供可靠决策依据等。

2. 防汛应急队伍

各单位要组织梳理防汛应急队伍，调整补充应急人员数量，将产业单位纳入主办单位应急体系，依托产业单位建立长期合作的社会力量，纳入应急抢险队伍，作为抢险支援的"后备队"。所有抢险队伍人员要逐人登记，编制抢险救援力量花名册，列表列责。明确主业、产业、社会抢险救援的职责定位和任务分工，配备必要的应急发电车、大功率抽水车（泵）等先进实用的排水设施装备和救生衣、对讲机等个人防汛装备。成建制配置抢险人员和装备，加强防汛相关人员管理和技能培训，形成独立化作战团队，提升"单元化"作战能力，确保战时拉得出、顶得上、拿得下。构建支援队伍联络保障体系，"一对一"对接外部支援队伍，确保支援队伍进得来、作用发挥好、生活有保障。

3. 统计样表

防汛抢险队伍管理人员统计样表、各专业抢险队员统计样表及各专业抢修大型装备统计样表分别如图 5-6～图 5-8 所示。

5.2.7　应急演练

国网河南省电力公司及所属各单位开展分级别、分区域、分类型的应急演

防汛抢修队伍管理人名单										
序号	单位	抢修队伍管理人姓名	管理人部门（职务）	联系方式	变电(直流)队伍数量	变电(直流)人员数量	输电队伍数量	输电人员数量	配电队伍数量	配电人员数量
1										
2										
3										
4										
5										
6										
7										

图 5-6　防汛抢险队伍管理人名单统计样表

练，尤其针对公网通信瘫痪下灾损信息统计、重要用户地下配电室水淹抢修等极端场景，将分级预警、响应处置、队伍调度、物资保障及信息报送等实战流程演练纯熟。同时将电力抢险纳入政府防汛演练体系，积极参与政府综合演练，通过预演查漏补缺、改进预案、锻炼队伍、提升能力。入汛前完成应急演练，并将演练方案、总结报送上一级安监部门。

1. 结合现场情况有针对性地制定防汛结合和演练

为做好各电网设施在汛期期间可能发生的暴雨、洪涝等自然灾害的防范与处置工作，使电网设施在暴雨、洪涝等灾害发生时处于可防可控的状态，确保防洪防汛工作高效有序进行，要求结合设备、设施实际情况，有针对性地制定防汛结合和演练。要求各单位每年度至少开展一次防汛演练，达到人员熟悉防汛预案，并满足预案适应变电站汛情实际，取得实际练兵的良好效果。

2. 安排人员到位开展防汛演练

防汛演练内容要明确演练时间、演练地点、演练天气。演习参加人员应尽量包括单位各类人员，演练要具体写明背景及演习过程，有条不紊安排人员到位开展防汛演练。

3. 演练过程中全员熟悉防汛相关器具使用方法

防汛演练不仅帮助各单位全员熟悉防汛期间的应急处置流程，同时要求全员在演习过程中按照模拟场景需要，穿戴好雨衣胶鞋等并能正确规范操作防汛相关器具，如防汛水泵车、防汛沙袋、防汛铁锹等，切实防范和有效处置洪涝

××专业抢修队员花名册

序号	单位			抢修队伍编号	队内职务	姓名	性别	年龄	政治面貌	人员类型	岗位类型	技能等级	从事专业年限	职务	联系方式	备注
	区县公司	所属部门	专业													
1																
2																
3																
4																
5																
6																
7																
8																

图 5-7 各专业抢险队员统计样表

××专业抢修大型装备清单									
序号	单位	区县公司	归属部门	大型装备名称	规格型号	出厂时间	数量	状况	设备地点	备注
1									
2									
3									
4									
5									
6									
7									
8									

图 5-8　各专业抢修大型装备统计样表

灾害对变电站电力设施造成的严重影响。省公司及所属单位部分应急演练情况如图 5-9 所示。

图 5-9　省公司及所属单位部分应急演练情况

5.2.8　防汛专项巡视

为认真落实国家电网有限公司、国网河南省电力公司等关于全面做好防汛工作的要求，保汛期电力可靠供应，公司设备部依据各专业防汛隐患排查情况，采取听取汇报、查阅资料、座谈了解、实地查看等形式，分区域组织开展了对防汛重点单位输变配及直流专业防汛工作开展情况进行了现场督查，发现防汛隐患主要问题需在主汛期前完成整改。

5.2.9 防汛值班、值守

1. 防汛值班

为落实《河南省防汛抗旱指挥部办公室关于做好 2021 年度防汛值班工作的通知》，全面做好国网河南省电力公司 2021 年度防汛值班工作，防汛值班工作要求如下。

（1）严肃值班纪律。各单位领导和相关人员要严格履行带班、值班职责，防汛值班期间要坚守岗位，认真执行值班要求，对所属单位值班工作加强管理和督导检查，确保各级人员到岗到位，开展好值班工作。国网河南省电力公司本部将随机抽查，对不符合要求的单位，在公司系统进行通报。

（2）及时报告信息。每天做好值班记录，密切关注天气和雨水工情发展变化，发生重大事件、突发险情、灾情，第一时间通过电话上报防汛办，并填写值班快报发送防汛办邮箱，信息报送要求及时、准确，对迟报、瞒报、漏报的进行通报批评，造成重大损失、影响的，将严肃追究相关单位和人员的责任。防汛值班快报模板如图 5-10 所示。

（3）做好值班统筹。防汛期间，电网运行、设备管理、供电服务、网络安全、舆情值班等专业要做好值班工作协调统筹和信息共享。

（4）做好值班保障。各单位做好值班工作疫情防控和值班人员的后勤保障，确保值班工作顺利开展。

2. 行政、防汛联合值班

为全面落实国家电网公司防汛工作要求，进一步加强 2021 年度汛期间值班工作，强化防汛值班信息及时准确报告，国

图 5-10　防汛值班快报模板

暴雨灾害与电网防汛

网河南省电力公司本部实行行政、防汛联合值班。

实行办公室与设备部负责人双带班制度，办公室、设备部每周分别安排一名部门负责人24h电话带班，具体组织协调行政值班、防汛值班相关工作；安监部、设备部、建设部、营销部、物资部、宣传部、后勤部、调控中心、配网办、特高压部、产业管理公司等11个防汛成员部门，每天安排1名人员24h轮班值守。同时，对行政、防汛联合值班提出严守值班纪律、及时报告信息、做好值班统筹和保障等工作要求。

3. 迎峰度夏安全生产值班

在迎峰度夏期间，整合度夏、防汛、抗旱、行政、应急等各类值班，全面实行"大值班"运作模式。

迎峰度夏值班期间，各部门职责分工如下：①办公室负责统筹各相关专业值班，负责行政值班归口管理和指导督导，组织协调"大值班"模式下的技术、后勤等支撑保障；②安监部负责度夏应急值班归口管理和指导督导，组织好各级应急值班场所的技术支持保障；③设备部负责度夏防汛抗旱值班归口管理和指导督导，督导落实公司迎峰度夏、防汛抗旱、庆祝建党100周年重大活动保电等工作方案，组织指导本专业值班工作；④相关专业部门负责本专业应急值班及突发事件处置的归口管理。按照迎峰度夏、防汛抗旱、优质服务、新闻舆情、重大活动保电等方案要求，组织指导、督导落实本专业值班工作。

迎峰度夏值班期间，优化值班安排，实行公司领导、部门主任双带班制、专业部门24h在应急指挥中心值守，并统筹年度行政值班轮值安排；严格值班工作要求，统一值班人员在岗要求、值班信息报送模板、重大事项处置流程、对外信息报送流程等；严肃值班工作纪律。

5.2.10 建立防汛政企联动机制

（1）主动与地方应急、气象、水利、自然资源等政府部门联系，安排专人参与应急值班，安排专人进驻水利厅、自然资源厅24h值班，实时掌握气象、汛情、地质灾害预警等动态信息，共享汛情灾情信息，共获得发布水库泄洪、启用蓄滞洪区等各类预警信息，提前做好应对准备，避免紧急泄洪对电力设施造成重大影响，为保障电网安全运行及提升电网抵御自然灾害的能力赢得时间。

74

（2）建立救援联动机制，协调抢修车辆顺利进入河南，快速到达抢修现场；协调地方消防专业队伍对被水淹地下开闭所、配电室、电缆隧道等进开展抽排水工作，提高抢修工作效率。

（3）建立油电联动机制，促请政府协调成立油品保供工作组，协调中石油、中石化公司直接将油品送至应急发电车、大功率水泵等抢修作业保供电现场，为抢修工作提供充足的燃油保障。

（4）加强与政府规划部门对接，促请政府合理规划变电站、电力廊道等电力设施布局，预留符合电力安全运行标准的站址用地。将变电站纳入城市重要防汛设施管理范围，源头提升规划工作防汛质效。

（5）以郑州为试点，推动供电网格与政府各级行政网格匹配统一，建立区供电公司同所在区政府、街道办事处和居委会专人联络机制，确保供电服务信息由"客户经理—社区、城区供电所—街道办、城区供电公司—区政府—市政府、城区供电公司—市供电公司—省公司"传递的链条统一，提升日常服务能力和应急处突能力。

5.3 "7·21"汛情应对经验

5.3.1 "7·20"暴雨及电网受灾情况

1. "7·20"暴雨分析

2021 年 7 月 17—23 日，受低涡缓慢移动影响，河南省出现了历史罕见的极端强降雨天气。北中部地区普降暴雨、大暴雨，局部出现特大暴雨，最强降水时段主要出现在 7 月 20—21 日，强降水中心主要位于郑州、鹤壁、新乡、安阳等地。此次过程具有暴雨持续时间长、累积雨量大、强降雨范围广、短时降雨极强、极端性突出等特点。暴雨过程持续长达 6 天，河南省中北部局地连续 4 天出现大暴雨，郑州和新乡连续 2 天出现特大暴雨；中北部大部地区累积降水量超过 500mm，国家站中郑州站降水量最大达 820.5mm，超过当地年平均降水量（郑州全年平均降水量 640.8mm），区域站中郑州白寨站 993.1mm，鹤壁市科创中心站 1122.6mm，分别为郑州市和全省最大。7 个国家级气象站 1h 降水量突破建站以来小时降水量历史极值，其中郑州气象站最大小时降水量高达 201.9mm（7 月 20 日 16:00—17:00），突破中国大陆小时降雨量历史极值（198.5，河南林庄，1975 年 8 月 5 日），郑州尖岗 3h 最大降雨量达 333.2mm（7 月 20 日 14:00—17:00）。郑州、新密等 19 个国家级气象站日降水量突破建站以来历史极值，全省日最大降水量郑州气象站 552.5mm，郑州尖岗气象站 670.1mm；郑州、辉县等 32 个国家级气象站突破建站以来最大连续 3 日降水量历史极值；有 30 个国家级气象站突破建站以来最大连续降水量历史极值。2021 年 7 月 20 日极端日降水量监测结果统计见表 5-1。

表 5-1　　　　　2021 年 7 月 20 日极端日降水量监测结果统计

站名	当年值 /mm	出现日期	历史极值 /mm	出现日期
郑州	552.5	2021 年 7 月 20 日	189.4	1978 年 7 月 02 日
新密	448.3	2021 年 7 月 20 日	169.4	2005 年 7 月 22 日
嵩山	426.2	2021 年 7 月 20 日	153.5	1956 年 6 月 21 日
淇县	353.3	2021 年 7 月 21 日	251.8	2000 年 7 月 05 日
荥阳	349.7	2021 年 7 月 21 日	295.3	2005 年 7 月 22 日
扶沟	341.0	2021 年 7 月 21 日	213.5	2018 年 8 月 18 日
偃师	339.7	2021 年 7 月 20 日	109.4	1996 年 7 月 28 日
汤阴	332.0	2021 年 7 月 21 日	235.1	1994 年 7 月 12 日
鹤壁	325.5	2021 年 7 月 21 日	249.5	1963 年 8 月 08 日
巩义	295.3	2021 年 7 月 20 日	234.1	1982 年 8 月 14 日
卫辉	278.8	2021 年 7 月 21 日	240.7	2000 年 7 月 05 日
安阳	263.6	2021 年 7 月 21 日	249.2	1994 年 7 月 12 日
登封	251.3	2021 年 7 月 20 日	140.2	1996 年 8 月 03 日
焦作	234.9	2021 年 7 月 21 日	168.3	2000 年 7 月 14 日
博爱	234.5	2021 年 7 月 21 日	167.7	2005 年 7 月 22 日
尉氏	229.3	2021 年 7 月 21 日	162.4	1984 年 8 月 09 日
伊川	190.8	2021 年 7 月 20 日	154.4	1982 年 8 月 21 日
孟津	189.9	2021 年 7 月 21 日	134.9	2001 年 7 月 21 日
温县	187.7	2021 年 7 月 20 日	170.1	1996 年 8 月 03 日

2. 电网受灾情况

"7·21" 特大暴雨灾害造成国网河南省电力公司停运设备之多、设备受损之重，均创下历史之最。全省 150 个县区 1663 个乡镇 1453 万人受灾，14 个蓄滞洪区启用 8 个，累计紧急转移安置 147 万人，全社会直接经济损失超过 1100 亿元。为保证设备安全、电网安全和社会公共安全，坚持"人民至上、生命至上"理念，防范次生灾害，国网河南省电力公司主动停运避险变电站 42 座，35kV 及以上输电线路 47 条、10kV 配电线路 1807 条。

输变电设备洪灾期间受灾情况如图 5-11～图 5-14 所示。

图 5-11　变电站洪灾期间受灾情况

图 5-12　配电设施洪灾期间受灾情况

图 5-13　塔杆基础洪灾期间受灾情况

图 5-14　输电线路洪灾期间受灾情况

5.3.2　迅速启动应急响应

"7·21"汛情期间，7 月 16 日公司收到省防指指挥长 1 号令后，省公司董事长第一时间批示"严格落实此令，各单位主要负责人要在单位值守，做好各项应急抢险准备"。7 月 17 日，副总经理组织召开防汛紧急视频会议，传达省委书记、省长和国网总部防汛工作要求，落实省防汛抗旱指挥部 1 号指挥长令。国网河南省电力公司紧急下发《关于严格落实省防汛抗旱指挥部 2021 年

1号指挥长令的通知》,全面做好应对极端暴雨灾情准备。7月20日,出现极端暴雨灾情后,省公司董事长和总经理第一时间赶赴应急指挥中心,紧急召开防汛领导小组省市县三级视频会议,立即启动防汛应急Ⅰ级响应,全面进入战时状态,明确"保特高压、保主网架、保重要部位、保民生"的抗洪抢险保供电工作原则。根据预案迅速成立防汛应急处置领导小组及处置办公室,并围绕保安全、保民生、保重点的工作原则,及时成立电网抢险、用户保供、物资供应等8个工作组。建立省市应急指挥视频日例会和专项工作组早晚例会机制,24h轮班值守。

5.3.3 快速构建统一高效指挥体系

面对突发汛情,国家电网公司总部党组高度重视、快速反应,董事长亲自部署,7月21日连夜召开视频会议,对抗洪抢险作出总动员、总部署,统揽全局全过程;总经理担纲"总前委",7月22日带领工作组连夜赶赴郑州坐镇指挥、统筹协调;其他总部领导迅速进行安排部署,总部安监、设备、营销、物资、国调中心等部门到郑全程协调指导;建立国家电网公司总部、国网河南省电力公司和国网郑州公司应急联合指挥体系,实行"一日两会"制度,统一指挥协调抢险救灾工作。设备部科学精准研判灾情和抢险保供电工作需求,第一时间发出跨省支援命令,各省公司闻"汛"而动,业务骨干日夜兼程驰援河南,携带发电车、发电机等物资,全力以赴支援河南。

5.3.4 科学组织应对

编制应急抢险现场安全监督工作方案,明确现场安全监督负责人,制订现场安全监督员安全巡视重点,保障防汛抢险期间安全平稳,确保人身、电网、设备安全,坚持守牢不出事的安全底线,在安全的前提下确保抢险工作顺利、高效、稳妥推进。每日分别于18:00、21:00、24:00召开碰头会,根据抢险任务分工,明确每项任务的具体时限、具体责任人。做到了统一组织、分级实施,层层压实责任,参战人员做到了守土有责、守土尽责,确保公司防汛工作上下一盘棋。

变电方面及时下发《关于规范变电站汛情应急处置工作的通知》，提出了主动避险、快速抢险、有序复电、强化巡检、严格安措等7项工作要求，结合受灾情况分类制定抢修策略，统筹调配抢修物资。输电方面编制下发《输变电设备防汛防台工作指导意见》和《电网设备恢复供电基本标准及指导意见》，使用无人机、可视化手段，发挥属地、群众护线员优势，实时监测重要输电线路运行状态，及时查看因灾停运线路受损情况，科学制定抢修策略，快速恢复受损线路。配电方面分类制定抢修复电策略，统筹抢修力量和装备资源，根据设备受损实际情况，优先安排开闭所、重要电缆、主干线路、重要分支等关键节点配网设备抢修，提前恢复客户供电电源。

图5-15所示为国网河南省电力公司各单位防汛抢险情况。

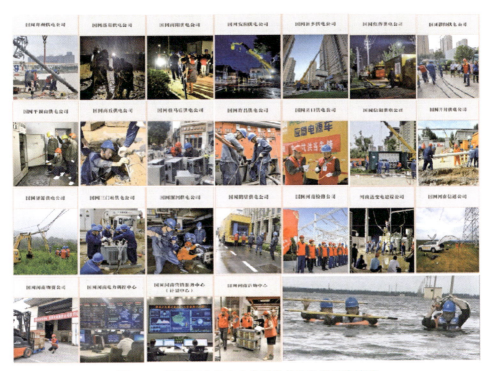

图5-15　国网河南省电力公司各单位防汛抢险情况

5.3.5　业务平台联动

按照"提前预估、分类管理、全网联动、统一调配"的原则，组建网省市三级"1+7"工作组，建立应急物资保障体系，实现物资需求、调拨、采购、配送全业务同平台运作。通过供应链运营平台（ESC）"一本账"模块，实时查询公司物资库、专业仓、供应商库存品类、数量和位置状态，掌握供应商产能储备情况，组织多家省公司、供应商建立"郑州仓库—省内仓库—全网仓库—供应商仓库"联动机制，形成省内、跨省、供应商"三张资源表"，按照"先郑州再省内后全网"由近及远原则，统筹实物库存、协议库存、电商平台、供应商库存资源，开展物资需求逐级匹配，最大限度保证资源充足。图 5-16 所示为防汛抢险期间后勤物资调配现场情况。

图 5-16　防汛抢险期间后勤物资调配情况

5.3.6　构建后勤保障体系

公司党支部"一对一"对口服务各个省公司支援队伍人员，志愿服务小分队深入支援队伍驻地和作业点，提供零距离、全天候、全方位综合后勤保障。

全力协调解决住宿场所，积极应对灾后住宿资源极度紧张、餐饮供应紧缺局面，有效保障了省外支援队伍住上舒适房、吃上热乎饭、喝上干净水。紧急调配车辆，高效协同省市应急、交管部门实现绿色出行，确保抢险车辆畅通。接受各类捐赠物资，及时拨付到抗洪抢险一线。依托河南电力医院，构建全天候机动覆盖、应急响应的防疫保障机制，出动医务人员开展巡诊、治疗、消杀，送"三防"（防疫、防暑、防毒）等药品，保障了一线抢修队员身心健康。

图 5-17 所示为防汛抢险期间后勤保障现场。

图 5-17　防汛抢险期间后勤保障现场

第6章 电网防汛抗灾能力提升

按照"举一反三、源头治理、综合施策、防患未然，进一步提高电网防灾抗灾水平"的工作要求，根据"科学合理，因地制宜，节约高效"的重要原则，在加强组织领导、细化工作措施、注重经验总结等有力保障前提下，明确任务、落实责任，按照国家电网有限公司工作安排，分阶段提升电网防汛抗灾能力，全力保障电网安全稳定运行和电力可靠供应。电网防汛抗灾能力提主要从开展电网防汛抗灾能力专项评估、开展电网设施防汛隐患排查治理、完善提升电网设备设施防汛抗灾能力、加强防汛监测预警能力建设、完善推广防汛应急抢修标准流程以及应急指挥及保障体系防汛能力提升等几个方面进行。

6.1 电网防汛抗灾能力专项评估

开展考虑地理环境、水文特征、暴雨分布特征的电网设备设施防汛风险等级划分方法研究，进行不同电网设备设施防汛风险等级的科学划分。基于气象实况数据的电网设备设施防汛能力动态评估技术，综合考虑各电网设备设施累计降水量数据、储水能力、排水能力、防汛物资储备情况等多种因素，进行电网设备设施防汛能力的数字化动态评估。基于强降水预测结果的电网设备设施防汛风险预测技术，进行特殊天气过程区域内电网设备设施防汛风险发展趋势的整体预判，为防汛物资、人员调配提供辅助决策支持。

6.1.1 变电站防汛抗灾能力专项评估

变电站抗灾能力专项评估主要开展变电站自然环境条件评估和设备设施抗灾能力评估。

1. 自然环境条件评估

变电站自然环境条件评估主要依据地区历史最大降雨强度及泥石流、山洪冲击风险，结合站址标高、蓄滞洪区位置、临近河湖区域距离、与周边地势相对高度差等因素，综合研判变电站受灾风险等级。

2. 设备设施抗灾能力评估

变电站设备设施抗灾能力评估是指依据《国网设备部关于印发提升在运变电站防汛抗灾能力重点措施（试行）及释义的通知》（设备变电〔2021〕69号）相关要求，从变电站阻水能力、排水能力、防汛物资装备配置、防汛应急处置能力等方面，全面评估变电站设备设施抵御受灾风险的能力，研究制定针对性提升措施，全面提升变电站抗灾能力。

6.1.2　输电线路防汛抗灾能力专项评估

利用干涉合成孔径雷达（Interferometric Synthetic Aperture Radar，InSAR）技术针对地质灾害易发区开展输电线路沿线地表状态全天候、全天时的动态监测并开展风险评估，判断地质不稳定区域塔杆的运动趋势，得出塔杆的沉降风险等级。

（1）深入挖掘输电线路激光点云数据价值。

（2）通过研究和试点开展多期点云快速配准，基于多期激光点云对比实现杆塔结构异常状态快速辨识。

（3）研究基于地面式激光点云检测的杆塔关键节点位移变形精准检测，实现基础沉降、根开异动、杆塔倾斜等异常状态诊断。

6.1.3　配电防汛抗灾能力专项评估

（1）结合本地区气候特点及近年来极端恶劣天气发生趋势，分析城市配网遭遇内涝、洪涝、台风、龙卷风、雨雪冰冻等灾害的概率及危害程度，找准影响配网安全运行的自然灾害危险源。

（2）针对变电站布点、配网网架结构、在运设备布置方式及工艺水平等现状，分析城市配网在灾害过程中的抵御能力和灾害发生后的负荷转供能力。

（3）评估配网通信基础设施、配电信息化及自动化建设等基本情况，充分考虑灾害引发大规模工单、公共通信基站损毁、断电等因素影响下，供电服务指挥平台应对数据统计、灾害研判、应急指挥、大范围抢修等特殊应用需求的能力。

（4）做好灾害预想，科学评估电力抢修恢复难度，分析现有应急预案在队伍对接、资源调配、抢修策略等方面的合理性，重点评估是否针对大量外部支援力量短时间内集聚等典型场景建立了"平战结合""战时分区调度指挥"等机制，能否确保灾害发生后有序高效开展电力应急抢修。

（5）全面梳理城市配电组织管理体系，研究现有体系能否在灾害发生的前、中、后期与内外部高效联动，组织架构及人员配置是否满足配电一、二次设备的运维、检修、抢修、电缆作业、配电自动化运维等业务需求，配电专业化管理水平是否符合配网高质量发展工作要求。

6.1.4　重要用户及居民小区防汛抗灾能力专项评估

（1）明确需要重点供电保障的重要防汛设施以及党政军机关、防汛机构等重点单位和重要场所，向各级防指进行专题汇报并备案。

（2）系统排查重要用户及居民小区防灾抗灾薄弱环节，特别是维持城市生存功能系统和对国计民生有重大影响的应急指挥中心、医院、交通、通信、供水等"生命线工程"的配电站房选址、日常维护管理、应急能力建设、应急供电接口等方面建立问题清单台账，明确需要政府督促解决事项，对排查出不具备双电源供电的防汛重要用户，入汛前完成整改。

（3）建立灾前预警响应机制，及早发现数据异动，并通过多源数据交叉验证等方式，实时开展灾情损失、各级承载能力和灾后恢复情况监控与分析，动态调整预警级别和响应策略，支撑极端天气下的抢修保供电工作。

6.2　电网设施防汛隐患排查治理

6.2.1　变电防汛隐患排查治理

深入开展变电站防汛隐患排查治理，全面开展变电点位置、场地标高、防洪墙、出入口阻水能力、站内建筑物阻水能力、电缆沟（竖井、通道）阻水能力、排水管道、排水设备配置、防汛装备及物资等的隐患排查工作。对防汛物资不足、排水通道问题、地势低洼易水淹、排水设备（设施）问题、电缆沟封堵问题、箱柜密封问题、防回水（洪）墙问题、防滑坡（泥石流）设施问题的变电站的防汛问题进行整治。

针对存在防汛重点隐患且周边未设置可靠防洪、防涝围护设施的变电站，应结合历史最高内涝水位差异化制定防汛标准并设置合理裕度；应结合变电站周边防洪规划、城区建设规划、地形地貌变化等情况，重新核查在运变电站场地标高，不满足要求的应及时采取墙体改造、安装防洪挡板、增加排水设备配置等阻排水技术措施，防止内涝积水及洪水倒灌。针对存在内涝风险的变电站，应按最新水文地质条件对其围墙（高度、结构、基础等）进行校核，山区变电站或迎洪水面的围墙应采用钢筋混凝土结构的防洪墙，必要时应设置防洪围堰和截水沟。

变电站大门应考虑防内涝要求，宜采用实体大门并设置防洪挡板，挡水高度应超过历史最高内涝水位 0.5m，且安装高度不低于 0.8m，挡板底端宜设有防水密封措施；地下站安全出口高度应高于 100 年一遇洪水高度与历史最高内涝水位 0.5m；建筑物应设置合理的室内外高差，不满足的应配置防洪挡板及防汛沙袋；户外端子箱、机构箱、电源箱、汇控柜、智能组件柜等基础高度应高于历史最高内涝水位 0.5m，无法满足要求时，应进行基础升高改造或采取可靠防水措施；地下站设备吊装口、电缆竖井口高度应高于 100 年一遇洪水高度与历史最高内涝水位 0.5m，地上通风口下沿应高于室外地坪 1.2m，不满足要求的应采取可靠防水措施；电缆进站、进建筑物处应进行整体防水防渗漏封堵，兼备防水和防火功能。电缆沟内积水应通过排水引出管汇入变电站排水系统，排水引出管设置单向防水逆止阀，未设置或无法设置的应采取临时封堵措施；电缆已基本铺设完毕，排布较密的变电站，应开展整体防水封堵改造；地下站电缆和管道等穿越建筑物地下外墙时，应采取穿墙套管等防水措施，与站外电缆隧道（排管）连接处宜采用专用防水堵头可靠封堵。

变电设施大门、防洪墙、三防墙、电缆沟、通风口，围墙防倒灌措施、排水设施等设施进行防汛能力提升改造效果分别如图 6-1～图 6-7 所示。

图 6-1　变电站大门改造后效果

图 6-2　变电站防洪墙改造效果　　　　图 6-3　三防墙浇筑前后对比

图 6-4　入站电缆沟倒 U 型改造效果

6.2.2　输电防汛隐患排查治理

重点做好位于河沟处边沿、山体滑坡等地质隐患的输电线路防汛工作，开展输电线路防汛隐患排查治理，对易遭冲击、存在滑坡风险的杆塔，落实杆塔防洪基础加固措施，提前防范山洪风险，确保重要跨越处运行安全。

图 6-5　通风口防汛罩安装效果

图 6-6　围墙排水孔防倒灌措施改造效果

图 6-7　排水设施改造后效果

对输电设施防汛隐患排查与治理，主要通过对输电线路塔基基础、护坡进行检查，完成护坡加固工作，提升抵御暴雨灾害的能力。输电线路塔基基础护坡改造前后效果对比如图 6-8 所示。

图 6-8　输电线路塔基基础护坡改造前后效果对比

6.2.3　配电防汛隐患排查治理

重点做好低洼处开闭所（配电站房）及老旧线路防汛工作，对位于地下的开闭所和配电室，推进防水封堵改造与排水系统升级，地下开闭所和配电站房基础抬高 1m、大门处垒砌 60cm 防水墙，加装水位监测装置或视频监控装置，防范城市内涝风险，提升防倒灌能力。对地势较低的箱式变压器、环网柜、高低压分接箱、电缆沟道提前做好防雨防潮措施，对山坡地带配电线路杆塔基础、护坡和拉线进行加固，特别做好铁路地下道、涵洞、内河排涝泵站供电线路和台区的运行维护。

对配电设施防汛隐患排查治理主要措施如下。

（1）开闭所设施挡水墙与通风排气扇封堵。开展开闭所防水门台修砌工作，统一设计标准、位置；对所有开闭所电缆管进行封堵，统一设置排水设施，开闭所（配电房）入口处设置 80cm 高的挡水墙，同时对开闭所（配电房）底部不满足防汛要求的通风排气扇进行砖砌水泥可靠封堵，如图 6-9 所示。

（2）地下开闭所（配电房）集水设施改造。地下开闭所（配电房）电缆进出线通道正下方设立集水区，最底层设立集水坑，配备水泵，遇到站内积水倒灌情况，连接站内电源，将水泵放入集水坑处，通过消防水带将水排出站外，如图 6-10 所示。

（3）将地下配电室迁移至地面。对有条件迁移的地下配电室进行排查，积极协助客户将变电站的地下配电室迁移至地面，如图 6-11 所示。

图 6-9　开闭所设施挡水墙与通风排气扇封堵措施

图 6-10　地下开闭所（配电房）集水设施改造效果

图 6-11　协助用电客户将地下配电室迁移至地面

6.2.4　重要用户及居民小区防汛隐患排查治理

对防汛重要用户及居民小区开展用电安全专项排查，重点排查政府防汛机构、南水北调、水库大坝、医院、铁路调度中心、城市泵站及历史受淹小区，对发现的用户侧用电安全隐患，按照通知、报告、服务、督办"四到位"原则督促协调用户整改到位。通过市县网格化营配融合服务机构，对汛期涉及的紧急停送电及时履行用户告知和解释工作，提醒用户防范涉水触电，全面、快速、精准做好防汛、抢险、重点防洪调度工程的供电服务工作。

组织做好调度通信大楼、数据中心的防汛隐患排查治理，制定防汛迁移、加固技术方案和专项应急预案，全面配置防汛设施。地、县级调度自动化机房应具备应急电源接入条件。对于位于生产办公楼宇顶层的调度大厅、应急中心、通信机房、自动化机房等用房，要进一步加强屋顶防漏措施。

6.3　电网设备设施防汛抗灾能力提升

6.3.1　输、变电防汛差异化设计标准与防汛改造

1. 防汛差异化设计

新建变电站、输电线路落实防汛差异化设计标准，严格落实差异化规划设计导则，重要变电站、重要输电线路应尽可能避开行洪区、泄洪区、蓄滞洪区，易受洪涝灾害影响地区变电站应采取设置实体围墙或防洪墙、提高变电站标高、增大排水能力、提高端子箱基础等措施提升防洪涝能力。

科学提高变电站设防标准，变电站选址应尽量避免在河道附近、蓄滞洪区和地质灾害易发地带，确实无法避免的，开展差异化设计，采取提高变电站标高，设置防洪墙，加强电缆沟道封堵，增大强排能力，提高开关柜端子箱机构箱基础、二次设备布置在二楼等防汛措施，从源头解决变电站防汛能力不足问题。

2. 防汛差异化改造

现有变电站开展防汛差异化改造，采取"堵疏结合"的方式，做到因地制宜、应改尽改，采取防洪墙、防洪沟改造，统一端子箱机构箱基础标高，配备足够的防汛沙袋、防洪挡板，增大强排能力，满足当地最大降雨量防御标准，从源头提升防汛抗灾能力。对蓄滞洪区内存量变电站，通过防洪墙改造、增设站内强排设施、提高设备基础等措施提高防汛能力。加强存量枢纽变电站全停分析和分类管理，优先开展对不可接受全停枢纽站防护提升。不断优化电网结

构逐步弱化枢纽变电站在电网中的地位,降低全停风险等级,逐步消除不可接受全停枢纽变电站。落实《提升在运变电站防汛抗灾能力重点措施》(设备变电〔2021〕69 号),扩大集水井容积、增设强排设施,实施防洪墙改造、增设防洪挡板,实施电缆沟、电缆层防水防渗漏改造,安装自动排水和智能预警装置,统一纳入集控站监控,提高变电站排水、挡水、监控能力。防汛重点变电站按照"一站一案"的要求,量身定制防汛治理差异化方案,强化低洼变电站、泄洪、滞洪变电站设施。对地势低洼易淹站,开展围墙抗洪水冲击、抗渗能力校核以及排水容量计算,加装水位标尺、端子箱水位警戒线和远程水位启停及在线监测装置,完成防洪墙改造、强排设施改造,确定变电站防汛能力达标。

6.3.2　住宅小区地下电力设施防涝迁移改造

按照属地管理原则,组织对既有住宅小区地下电力设施进行全面排查,并根据排查情况,组织对地下电力设施进行迁移改造或防涝加固。

对于具备迁移用地条件的既有住宅小区,地下的开关站、中心配电房等供电设备和电梯、供水设施、地下室常设抽水设备、应急照明、消防控制中心等重要负荷的用电设施应迁移至地面一层。迁移改造新建的开关站、中心配电房在间距满足消防安全要求的前提下,其他规划指标可以适当放宽,并不占用容积率、绿地率指标。迁移改造新建的开关站、中心配电房的位置由市、县(区)人民政府组织协调有关部门、产权单位、业主委员会、街道办事处(乡、镇人民政府)、社区居民委员会确定,物业服务企业应予以配合。

对于受条件限制,确实无法迁移至地面一层的地下的开关站、中心配电房等设备和电梯、供水设施、地下室常设抽水设备、应急照明、消防控制中心等重要负荷的用电设施,经城市防汛主管部门批准后,应按防涝标准要求进行加固改造,并采取防止涝水倒灌措施,设置封堵装置。同时,应在地上设置防涝期间能方便到位的应急保安用电接口(包括电梯、供水、消防系统、应急照明、地下室应急水泵等用电),并配备足够的沙袋、防水坝、防水门等防洪排涝装备。

既有住宅小区的其他供电设施宜迁移至地面以上,受条件限制时,可设置在地下，但不得设置于负一层以下，地下层内应设置挡水门槛，电缆管沟应增设防止涝水倒灌的设施，并做好相关设施的隐患治理和消缺改造。

6.3.3 提升防汛重要用户防汛抗灾能力

防汛重要用户的开关站、配电室，以及电梯、供水、应急照明等重要负荷的用电设施，应设置在地面一层及以上，高于当地防涝用地高程，设置应急保安用电接口。既有住宅小区结合城市更新和老旧小区改造工程，具备迁移条件的地下站房和重要负荷用电设施应迁移至地面一层；确实无法迁移的，按防涝标准要求进行加固改造，同时在地上设置应急保安用电接口。推进非"直供到户"小区配电设施改造，推动形成政府统筹、居民自愿、多方参与、市场运作、共建共享的老旧小区供电工程改造投资运营管理模式。

6.4 防汛监测预警能力建设

针对重要输变电设备设施，探索研究基于小型化气象雷达的极端天气监测技术，提升极端气象监测能力。完善变电站视频监控摄像头配置，装设水位观测标尺，推广变电站微气象监测装置，水位监测、自动排水、微气象数据及告警信息接入辅控系统。开展"极端气象—电网致灾"技术研究，实现气象预报到电网灾害的预测，提高预警信息的针对性、指导性。

省公司与省防指、省水利厅、自然资源厅共享灾情信息，及时获取中小河流洪水、水库存水及泄洪量预警信息，用于变电站、输配电线路杆灾害故障风险评估和概率预测预警。开展变电站周边地理信息数据采集，利用无人机机载点云雷达，预测积水深度、积水流向及是否对变电站造成冲击预警。完善变电站、输电线路视频监控摄像头配置，在变电站和配电站房装设水位观测标尺；推广变电站微气象监测装置，将数据接入到"河南电力气象系统"，提升防汛风险预判能力。发挥电科院气象预测预报技术优势，共享气象、地址等灾情信息，完善"月、周、日"监测预警机制，提升暴雨洪涝监测预警能力。

变电站微气象监测装置和水浸一体化监测报警系统分别如图 6-12 和图 6-13 所示。

图 6-12　微气象监测装置

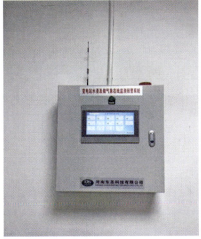

图 6-13　水浸一体化监测报警系统

6.5　防汛应急抢修标准流程

6.5.1　变电设备防汛应急抢修标准流程

按照安全第一、统筹协调、积极应对的原则，结合变电站受灾情况分类制定"堵疏结合"应对策略,提出变电站受灾恢复供电工作标准,有序恢复变电站供电。针对洪水冲击严重、可能淹没、已经受淹停电的变电站,分类采取设置站外围堰、站门封堵、站内沙袋、增大排水能力、开设排水孔等措施,因地制宜采取以上措施。对洪水暂时无法退去、不具备抢修条件的变电站,调用移动变电站替代,快速实现恢复供电。具体工作要求如下。

1. 即时抢险

在安全的前提下,排水完毕后,即时开展检查,1h 内一次设备、端子箱、汇控柜、二次设备等外观检查完毕,提报检查结果;根据检查结果,一次设备正常、二次设备未涉水的应在 1 天内尽快恢复送电;二次设备涉水可修复的,应加大人力、物力,采取烘干、绝缘检查等手段同步进行,1 天内检查完毕,力争 2 天内处理完毕,3 天内恢复送电;一、二次设备涉水严重导致损坏的,确认无法及时修复的,应在 1 天内上报结果,多方联系相关厂家尽快供货。

2. 主动避险

要充分发挥变电站视频监控的作用,加大无人值守变电站远程巡视力度,发生变电站水浸后,要立即组织人员赶赴现场,查看水情。对于因道路受阻无法赶赴现场的,可通过视频远程评估设备运行风险,重点观测高度较低(如端子箱、主变压器风冷控制箱等)等运行设备的水浸风险,若危急运行安全,应通知调度远程停运变电站相应设备。

3. 规范抢险

变电站抢险工作,要按要求办理工作票或应急抢修单,使用应急抢修单时要按照"简流程,不减安措"的原则,规范设置各类安全措施,严禁违章指挥、无票作业、野蛮作业。

4. 有序抢险

抢险人员到达现场后,要首先开展现场风险评估,重点关注低压漏电、不接地高压设备接地等风险,风险评估完成前不能进入变电站,严防人身触电。在确认没有触电风险后,应第一时间检查地势及安装位置较低的带电运行设备,若发现水位快速上升,危及人身及电网安全时,要立即通知调度及有关领导,及时停运相关设备的一二次电源,紧急停运避险。若水位稳定或缓慢上升,不存在带电设备水浸风险时,应按照"开通(曾破)排水通道—防水封堵—增加强排"的顺序,采取措施加快站内积水排出工作。过程中要时刻监测站内、外水位变化、站外来水和河道泄洪等信息，必要时立即停运避险、撤离人员。

5. 仔细抢险

对全站水浸设备进行排查，检查端子箱、机构箱、保护屏封堵情况，对破损的修补，清理脏物淤泥，清扫完毕后，打开主控室内各屏柜、设备区端子箱、开关柜等柜门通风，并使用热风枪对电缆头进行烘干处理，使用柴油大热风机对保护屏柜、开关柜底部受潮部位进行烘干处理。使用绝缘电阻表对站内交、直流电源屏各馈线支路进行绝缘测试，测试合格后合上各保护屏、开关柜内交、直流空气断路器。完成后台电脑文件备份后恢复各保护装置与后台通信，将各间隔保护及测控装置上电，恢复远动及后台通信后完成各间隔开关整组及遥控试验。

6. 有序复电

主动停运避险的变电站应在站内地面积水全部排空，站外积水倒灌风险全部消除，站内水浸设备检修（或更换）完毕且试验正常后，方可复电。

7. 强化巡检

变电站复电后，按规程要求开展设备特巡、特护及带电检测工作，发现设备异常的及时处置。

6.5.2　输电设备防汛应急抢修标准流程

组建特高压密集通道运维保障先锋队，结合线路环境和气象汛情，依托群众护线网络，以 5km 为最大看护半径设置值守点，分片包干、逐基到人，全力确保特高压密集通道安全运行。在全省"三跨"等重点区段现场值守，开展人工巡视看护，综合利用无人机、在线监测等技术手段构建立体巡视体系，实现重点区段线路状态监测无盲点、全覆盖。利用天气好转窗口期，采用地面巡视、无人机精细化巡检、可视化实时监测等手段，及时查看因灾停运线路受损情况。针对处于蓄滞洪区的线路杆塔，按基础型式开展隐患风险分析，逐基提出针对性风险防范策略。持续做好灾后线路特巡和隐患排查治理，切实防范灾后次生灾害威胁线路安全运行。强化抢修复电作业现场安全管控，严格防触电、防倒杆、防高空坠落等安全措施落实，及时恢复设防标准并适当提升本质安全水平。

不同情况下塔杆具体处置要求如下。

（1）杆塔严重倾斜或倾倒不能坚持运行的，在确保安全的情况下尽快组织开展抢修，特别紧急的要使用抢修塔或电力电缆加快抢修工作进度。抢修前要做好现场勘查、方案制定、场地清理、人员工器具准备等各项工作，加强安全防护，确保抢修安全。

（2）杆塔发生轻微倾斜尚能坚持运行的，要及时采取打拉线防护措施进行加固，拉线设置应根据周边汛情选择合理区域，并认真做好拉线位置、夹角、埋深计算设计。

（3）位于行洪通道、滞洪区内的受损输电线路，在开展异地迁建和原址恢复方案比选，且具备作业条件后，开展恢复重建工作。

6.5.3 配电设备防汛应急抢修标准流程

根据国家电网公司"7·21"特大暴雨灾害应对典型经验做法，结合国网河南省电力公司实际情况，根据国网系统先进单位经验，对于能够抢修修复的水淹配电设备，推广"通风、清淤、消杀、清洗、烘干、除湿、试验"标准工序，规范处置工艺、冲洗方法、试验项目；按照"先复电、后抢修"的工作原则，固化灾害情况下4类永久和临时结合的过渡抢修方案，固化工艺流程，实现灾害情况下应急抢修快速、规范。

1. 停电措施

按照"先站外、再站内"的顺序，先实施与站房有电气连接的站外设备、线路停电、验电、装设接地线。站外停电措施完成后，在进站做停电措施前，工作人员规范着装、戴安全帽、穿绝缘雨鞋。涉水、接触金属前，均应先行验电安全后，再蹚水到本站停电做安全措施，本站安全措施同时要注意小区自备发电机、分布式电源等隔离防护。

2. 抽水清淤

抽水、清淤前务必对水进行验电确保无压前提下才能开展。人员进入前要进行气体检测，确保环境气体含量合格。地下配电站房、有限空间使用发电机给抽水泵等设备供电，发电机须接地并采取通风、排风措施，防止发电机等产生有害气体。在确保安全的前提下，如电力抢修人手紧张，做好安全措施交代后，可以请消防、小区物业协助开展抽水工作，期间电力抢修人员进行轮回检查指导。

3. 清洁干燥

视设备被淹程度而定，如未淹及柜内设备本体和元器件，专业人员检查后可以先行试送电。如果被淹程度严重，按照"清洁→设备物理干燥法→设备电气干燥法"的步骤依次进行。

4. 设备试验

设备清洁干燥完成后，进行试验，为确保先复电，高压开关设备一般做耐压试验、机构操作调试试验，电缆做绝缘及耐压试验，0.4kV 电缆可用 1000V 挡绝缘电阻表测试，代替耐压试验。低压设备做绝缘试验，变压器做绝缘、耐压、直阻试验，耐压试验前后绝缘电阻无明显变化即为合格，合格后试送电。如果绝缘试验不合格，继续进行干燥。对表箱、电能表浸水，优先采取更换方式，若需紧急复电，可采取临时短接为用户免费供电。

5. 修后送电

操作人员全套劳保用户防护，优先用遥控的方式；就地操作，操作人员要做好送电操作不成功当下紧急停电的模拟和思想准备（送电时最好与调度部门实时通话，确保有异常时调度部门实时通过遥控方式隔离上级电源），高压设备属于二次问题、保护问题，建议先解除满足一次设备送电，低压有问题回路先隔离、其余回路先送电。

6. 应急发电

有条件、有需要重点保障的用户，在具备条件的情况下，可以按照"先复电，后抢修"的要求，采用应急发电车、箱式变压器车或旁路进行供电。

第7章 变电站防汛风险评价

本章通过对变电站周边地理信息、水文特征、阻水方式、阻水能力、排水方式、排水能力、防护措施、防汛物资配置等信息进行实地勘测和检测，利用数据特征处理方法，开展多维度影响因素分析，结合模糊评估、熵值分析等算法，建立多影响量的变电站防汛风险等级评判标准，完成在运变电站防汛风险评价，并根据风险等级评级结果，差异化制定防汛措施、配置防汛物资，进一步提升电网防汛精细化管理水平。

7.1 风 险 评 价 流 程

目前，尚无可直接应用于变电站防汛风险评价的方法，开展变电站防汛风险评价工作时，可借鉴洪涝灾害防治效果评估方面的经验。

变电站防汛风险等级评价流程如图 7-1 所示，主要由以下 3 个步骤组成。

（1）确定变电站静态防汛等级评估目标。明确评价目标对象，即变电站防

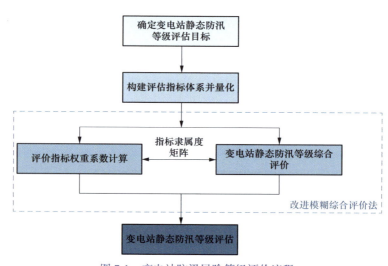

图 7-1 变电站防汛风险等级评价流程

汛风险等级。

（2）构建评估指标体系并量化。确定评价指标并量化，即由变电站防汛风险等级评价指标组成的指标体系，并对指标数据和防汛风险等级进行量化处理。

（3）变电站静态防汛等级评估。建立模糊综合评价模型，包括评价指标权重计算与变电站防汛风险等级确定。

7.2　指标体系构建及量化

7.2.1　指标体系构建

根据经典灾害系统理论，自然灾害风险是指预判未来时间里灾害发生的可能性和灾害程度，而诱导洪涝灾害发生的原因可分为孕灾环境、承灾体及致灾因子 3 类，其中灾环境和承灾体对应变电站地理环境数据和设备设施数据，致灾因子对应动态气象因素。

（1）孕灾环境。诱发洪涝灾害的地理环境，包括站址海拔、站址水深标高、站内面积、周边河流等。

（2）承灾体。承受洪涝灾害的个体对象，包括变电站围墙、阻水挡板、集水井、排水泵、防汛物资等。

（3）致灾因子。诱发洪涝灾害的因素，包括极端暴雨、洪水等。

本章基于孕灾环境和承灾体，研究变电站自身防汛能力，建立变电站防汛风险等级体系，其结构如图 7-2 所示。

1. 指标选择的基本原则

（1）科学性。以变电站防汛案例和先验知识作为参考标准，对变电站防汛各个流程间的相互关系做出全面分析，综合考虑变电站站址、设施、设备、物资、人力等各方面因素，使选取的指标最大限度接近客观事实。

（2）代表性。所选防汛因素指标尽可能地具有灾害特征的指向性，反映洪涝对变电站造成的损失结果。

图 7-2　变电站防汛风险等级体系结构

（3）独立性。所选防汛因素指标之间避免出现冗余信息，尽可能地相互独立，相关性较低。

（4）系统性。指标体系应是一个拥有完整架构的变电站防汛系统。

2. 变电站防汛风险等级评价体系

结合变电站防汛历史案例经验，对防汛因素指标进行分类、分层梳理和归纳，得到变电站防汛风险等级评价指标体系，见表7-1。

表7-1　　　　　　　变电站防汛风险等级评价指标体系

总目标 P1	一级因素 P2	二级因素 P3
变电站静态防汛等级评估（A）	孕灾环境（B1）	地形地貌（Ci）
		土壤植被（C2）
		水文情况（C3）
		山洪泥石流隐患（C4）
	承灾体（B2）	电压等级（D1）
		站址情况（D2）
		站内排水系统（D3）
		防汛物资储备（D4）

7.2.2　指标量化处理

1. 评价指标量化评分

依据实际情况对变电站防汛风险等级评价指标状态进行评分，定性描述的设备设施因素和地理环境因素量化示例分别见表7-2和表7-3。

表7-2　　　　　　　　　设备设施因素量化示例

一级因素	状态评估风险值	二级因素	定性描述	状态评估风险值
设备设施	［0，1］	电压等级	低于等于220kV	0.1
			220kV	0.5
			500kV	0.7
			1000kV	0.9

续表

一级因素	状态评估风险值	二级因素	定性描述		状态评估风险值
设备设施	[0，1]	站址情况	电压等级高于等于 220kV	低于频率为 1% 的洪水及历史最高内涝水位	0.2
				高于频率为 1% 的洪水及历史最高内涝水位	0.7
			电压等级低于 220kV	低于频率为 2% 的洪水及历史最高内涝水位	0.1
				高于频率为 2% 的洪水及历史最高内涝水位	0.7
		站内排水系统	排水系统完善		0.2
			排水系统轻度损坏		0.4
			排水系统中度损坏		0.7
			排水系统重度损坏		0.9
		防汛物资储备	物资储备齐全		0.1
			物资储备轻度缺失		0.3
			物资储备中度缺失		0.5
			物资储备重度缺失		0.7
			物资储备极度缺失		0.9

表 7-3　　　　　　　　　　　地理环境因素量化示例

一级因素	状态评估风险值	二级因素	定性描述	状态评估风险值
地理环境	[0，1]	地形地貌	站点高于周围地面公路，且有排水沟	0.1
			站点高于周围地面公路，且无排水沟	0.3
			站点低于周围地面公路，且有排水沟	0.4
			站点低于周围地面公路，且无排水沟	0.8
		土壤植被	附近有大量植被	0.1
			附近有适量植被	0.3
			附近有少量植被	0.6
			附近无植被	0.8
		水文情况	附近无河流	0.2
			附近有河流	0.5
			附近有运河	0.6
			附近有湖泊、水库	0.8

续表

一级因素	状态评估风险值	二级因素	定性描述	状态评估风险值
地理环境	[0，1]	山洪泥石流隐患	曾经发生过泥石流	0.7
			存有泥石流隐患	0.3
			无泥石流隐患	0.1

2. 变电站防汛风险等级划分

依据变电站防汛经典案例分析，考虑变电站防汛体系评价的适应性、合理性，将变电站静态防汛等级分为 4 级，由低到高分别为Ⅳ级、Ⅲ级、Ⅱ级和Ⅰ级，见表 7-4。

表 7-4　　　　　　　　变电站防汛风险等级划分

目标	等级	风险值区间
变电站防汛防汛等级	Ⅳ级	[0～0.3)
	Ⅲ级	[0.3～0.6)
	Ⅱ级	[0.6～0.9)
	Ⅰ级	[0.9～1.0]

3. 定性影响因素数据量化

为消除定性描述的数据对评估结果带来的误差，对二级因素中的各指标进行打分评价，具体评分表格见表 7-5。

表 7-5　　　　　　　　　　指标评分表格

一级因素 P2	二级因素 P3	危急 Q1	严重 Q2	注意 Q3	一般 Q4
孕灾环境（B1）	地形地貌（C1）				
	土壤植被（C2）				
	水文情况（C3）				
	山洪泥石流隐患（C4）				
承灾体（B2）	电压等级（D1）				
	站址情况（D2）				
	防汛物资储备（D3）				
	站内排水系统（D4）				

7.3 风险等级评价框架

结合变电站防汛风险等级评价流程和模糊综合评价法，提出基于改进模糊综合评价的变电站防汛风险等级评价流程，如图 7-3 所示。

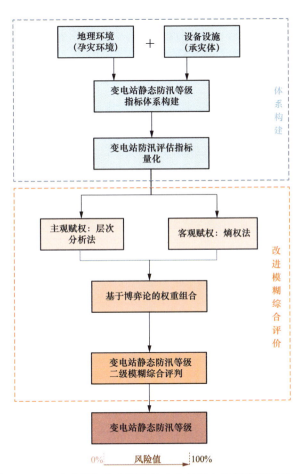

图 7-3 基于改进模糊综合评价的变电站静态防汛等级评估流程

（1）建立变电站防汛风险等级评价指标体系，根据变电站防汛历史案例和先验知识，对评价指标数据做量化处理。

（2）利用层次分析法和熵权法分别对评价指标进行主观赋权和客观赋权，最后使用博弈论将两种赋权结合，得到综合主、客观因素的变电站防汛风险评

暴雨灾害与电网防汛

价指标权重分配模型。

（3）使用改进模糊评价法对变电站防汛风险进行等级确定。

7.4 评价指标信息采集

通过开展站外地理信息采集、水文特征分析，变电站阻水方式、阻水能力现场勘测，站内防汛设施、防汛措施、防汛物资检测等工作，获取参与变电站防汛风险评价的基础信息。

7.4.1 站外信息调研

变电站外部信息调研主要包括站外地理信息采集和水文特征分析两部分。

1. 站外地理信息采集

站外地理信息采集，主要是利用无人机搭载激光雷达，完成站外地形地貌、高程、地表植被、建筑物等周边地理信息采集，形成变电站周边空三模型和实景三维模型；结合降雨量实时监测数据、预测预报数据和水库（河流）水位（流量）监测数据，实现站外地势、积水点、积水流向的判断。

2. 水文特征分析

水文特征是开展变电站防汛风险评价的重要条件之一，调研分析内容主要为变电站周边水库库容、控制流域面积、历史受灾情况等信息。

7.4.2 阻水能力勘测

变电站围墙、进站大门防洪挡板是变电站防汛的第一道防线，其能够承受的站外洪水侧压力是进行阻水能力勘测的重要目的。勘测计算结果能够直接应用到变电站防汛风险评价过程。

7.4.3 站内防汛设施检测

站内防汛设施、防汛物资和应急措施是变电站防汛的第二道防汛，站内检测对象主要包括以下内容。

（1）站内储排水设施、设备配置及可用情况。

（2）站内防汛物资配置情况。

（3）站内设备防雨设施、防渗漏措施、电缆沟封堵措施、雨水管和抬高设备基础防护措施。

（4）开关柜、端子箱、电缆等电力设备基座、设备底部结构、设备允许过水程度、设备绝缘状态。

7.5　风险评价案例

7.5.1　变电站基本情况

某 500kV 变电站位于荥阳市豫龙镇棋源路与荥运路交叉口东南角，占地 71333m²，是郑州地区第二座 500kV 变电站，其地理位置如图 7-4 所示。该变电站 2001 年 9 月 27 日正式投入电网运行，二期扩建工程于 2009 年 12 月 25 日投入运行。

图 7-4　变电站地理位置

7.5.2 评价指标采集

按照 7.4 节所述，利用无人机搭载激光雷达，完成站外地形地貌、高程、地表植被、建筑物等信息的采集，形成变电站周边空三模型和实景三维模型。站内、站外采集现场和倾斜影像三维图分别如图 7-5 和图 7-6 所示。

图 7-5　站内、站外地理信息采集现场

图 7-6　站内、站外倾斜影像三维图（红色区域为站内较低处）

对变电站基本情况、周边环境等信息进行采集。设备设施因素、因素重要程度、风险人工评分调研表分别见表 7-6～表 7-8。

表 7-6　　　　　　　　　　　设备设施因素调研表

变电站名称	某 500kV 变电站	
类型	情况描述	评估
站区面积 /m²		71333.7
电压等级	（1）220kV 以下填 1； （2）220kV 填 2； （3）500kV 填 3； （4）1000kV 填 4	3
变电站站龄	（1）0≤站龄＜5 年填 1； （2）5≤站龄＜10 年填 2； （3）10≤站龄＜20 年填 3； （4）20 年及以上填 4	4
蓄滞洪区	（1）在蓄滞洪区内填 1； （2）不在蓄滞洪区内填 2	2
历史平均降水量 /mm	变电站所在区域历史年度平均降水量	608.2
年均暴雨（日降 水≥50mm） 频次 / 天	（1）暴雨频次 ＜1 填 1； （2）1≤暴雨频次 ＜3 填 2； （3）3≤暴雨频次 ＜5 填 3； （4）5≤暴雨频次 ＜10 填 4； （5）暴雨频次 ＞10 填 5	3
值班情况	（1）有人值守填 1； （2）无人值守填 2	2
变电站地理形势	（1）站点高于周围地面公路，且有排水沟填 1； （2）站点高于周围地面公路，且无排水沟填 2； （3）站点与周围地面公路等高填 3； （4）站点低于周围地面公路，且有排水沟填 4； （5）站点低于周围地面公路，且无排水沟填 5	4
土壤植被	（1）附近有大量植被填 1； （2）附近有适量植被填 2； （3）附近有少量植被填 3； （4）附近无植被填 4	1
水文特征	（1）站区 5 公里内无河流填 1； （2）站区 5 公里内有河流填 2； （3）站区 5 公里内有运河填 3； （4）站区 20 公里内有湖泊、水库填 4	2

暴雨灾害与电网防汛

变电站名称	某 500kV 变电站		
类型	情况描述		评估
自然灾害隐患	（1）处于地质灾害高发区填1； （2）地质灾害正常区域填2		2
防洪设计标准	（1）10～20年一遇（35kV≤电压等级≤220kV）填1； （2）30年一遇（330kV、500kV）填2； （3）50年一遇（750kV、±660kV、±500kV）填3； （4）100年一遇（1000kV、±800kV）填4		2
近20年洪涝、被淹情况	（1）有填1； （2）无填2		1
是否载有重要负荷	（1）是（带有政府、医院、防洪闸、牵引站等）填1； （2）否填2		1
设备安全水深/cm	该站点设备安全水深高度为多少		50
站点围墙类型	（1）防洪墙填1； （2）防洪墙＋砖混填2； （3）普通砖混墙填3		1
站点围墙参数/cm	围墙高度值		200
	围墙厚度值		50
站内储水/m³	集水井容积		408.16
站内排水方式	（1）自然排水填1； （2）强制排水填2		2
站内排水泵	排水泵安装方式	数量	单泵排水量/（m³/h）

排水泵安装方式	数量	单泵排水量/（m³/h）	总排水量/（m³/h）	合计排水量/（m³/h）
固定式	4	400	1600	2413
移动式	12	38.58	463	
小白龙大功率排水泵	1	350	350	

表7-7　　　　因素重要程度调研表

变电站静态防汛等级	周围环境	变电站情况	如：周围环境简单，变电站设备较为完善/周围环境复杂，变电站设备不太完善，填1；周围环境复杂（地势低/有洪涝风险/有泥石流），变电站防汛设备较为完善，填2～9；周围环境简单，变电站防汛设备不完善（物资少/排水差/站围墙抗洪能力弱），填1/2～1/9
周围环境	1	5	
变电站情况	—	1	

续表

周围环境	地形地貌	土壤植被	水文情况	山洪泥石流隐患	如：地势低，土壤植被少／地势高，土壤植被多，填 1；地势低洼，土壤植被较多，填 2～9；地势高，土壤植被较少，填 1/2～1/9
地形地貌	1		3	1	
土壤植被	—	1	1/3	1/5	
水文情况			1	5	
山洪泥石流隐患		—	—	1	
变电站情况	电压等级	站址情况	防汛物资储备	站内排水系统	如：站址情况好（有围墙，防汛能力强），物资储备多／站址情况差，物资储备较少，填 1；站址情况差（围墙不能抗暴雨），物资储备较多，填 2～9；站址情况好，物资储备较少，填 1/2～1/9
电压等级	1	1/5	1/5	5	
站址情况	—	1	5	3	
防汛物资储备			1	1/5	
站内排水系统		—	—	1	

表 7-8 　　　　　　　　　　风险人工评分调研表

一级因素	二级因素	危急	严重	注意	一般	示例
孕灾环境	地形地貌	0.5	0.3	0.1	0.1	如：某站点地势低洼，站点排水不完善、物资储备不足，危急、严重填 0.3、注意、一般填 0.2；某站点地势低洼，站点排水设施完善、物资储备充足，危急、严重填 0.1，注意填 0.5，一般填 0.3；某站点地势低洼，站点排水设施不完善、物资储备充足，危急、严重填 0.2，注意、一般填 0.3
	土壤植被	0.5	0.3	0.1	0.1	
	水文情况	0.4	0.3	0.2	0.1	
	山洪泥石流隐患	0.2	0.2	0.1	0.5	
承灾体	电压等级	0.5	0.5	0	0	
	站址情况	0.3	0.3	0.2	0.2	
	防汛物资储备	0	0	0	1	
	站内排水系统	0	0	0	1	

注　每行值相加需要等于 1。

7.5.3　基于 LightGBM 的风险评价

针对变电站防汛静态数据样本容量不多、特征维度复杂的特点，使用轻量级梯度提升机（Light Gradient Boosting Machine，LightGBM）作为评估变电站防汛风险的子模型。

将变电站防汛数据集中静态数据的历史值 $x_i=\{x_{i1},x_{i2},\cdots,x_{ig}\}$ 作为输入特征矩阵，对应的风险能力评估概率值作为输出量 y。由此变电站防汛静态数据可以

表示为 $D=\{(x_i,y),i=1,2,\cdots,n\}$。使用 D 中样本依次训练 K 棵回归树，且根据前树的评估效果建立树。其中使用基于直方图的特征离散化降低内存消耗、加快运行速度。待 K 棵回归树全部建成，将其评估值之和作为评估结果 y_i 进行输出，即

$\hat{y}_i = \sum_k^K f_k(x_i)$ 则使用静态数据的 LightGBM 变电站防汛风险评价算法流程如图 7-7 所示。

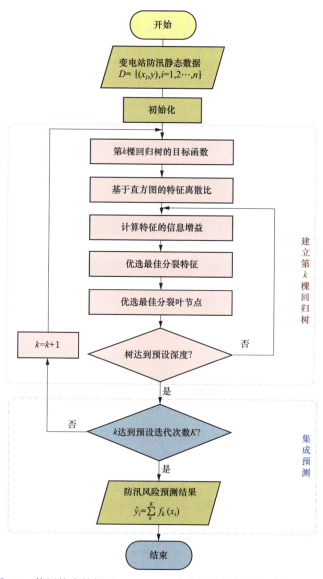

图 7-7 使用静态数据的 LightGBM 变电站防汛风险评价算法流程

7.5.4　风险评价结果

按照 7.2、7.3 所述原理，对采集到的变电站基础信息、站外环境信息和定性描述信息进行量化处理，按照 7.5.2 所述方法计算得到该变电站防汛风险得分为 0.18 分，对照表 7-4 所示的变电站防汛风险等级，确定该 500kV 变电站防汛风险等级为Ⅳ级（最低等级）。

7.5.5　防汛建议

根据防汛风险等级评价结果，按照差异化防汛标准制定和防汛物资配备原则，结合该变电站防汛管理工作实际，提出以下建议。

1.　优化防汛物资配置

遵循"统筹管理、科学分布、合理储备、统一调配、实时信息"的原则，完善年度物资储备管理运行机制，组织防汛物资储备工作，建立物资数据库，合理调度储备物资，优化物资配置，做到防汛物资的保质保量、可查、可管、可控，更好地发挥防汛物资效能。

2.　加强防汛应急队伍储备

按照"平战结合、反应快速"的原则，加强防汛应急队伍储备，提高队伍专业化、规范化、标准化水平，持续提高突发事件应急处置能力；加强应急抢修队伍技能培训和应急装备物资的使用培训，确保特殊环境下及时使用防汛物资。

3.　强化防汛运维管理

变电站汛前日常巡视应有针对性地对生产建筑防水、电缆管沟封堵、防汛设施等方面进行巡视巡察，做好防汛隐患登记、跟踪处置等工作，确保房屋防水措施到位、设备封堵良好、排水设施可用、排水管道畅通；汛期前完成微气象、水位监测装置校验，保证汛期内数据实时上传，确保上传数据的时效性和准确性；汛期应做好特巡，重点对存在隐患变电设施及站内低洼区域进行持续跟踪，发现站内、电缆沟（道）积水、雨水倒灌、房屋渗漏等缺陷隐患，应及时采取措施，确保电力设施安全。

第8章 电网防汛技术及装备

进入 21 世纪以来，我国电网建设进入了以特高压和智能电网为特征的全新发展阶段，为我国国民经济和社会建设的快速发展提供了能源保障，但日益扩大的电网规模，不断增加的电网容量、日趋复杂的电网结构、逐渐增大的地理跨度，使电网生产受恶劣气象条件和天气现象的影响越来越大，程度也随之增加。据统计，我国 50% 以上的电网故障是由于恶劣天气导致，近年来因暴雨造成的城市内涝、山洪、泥石流、滑坡等次生灾害导致供电故障越来越频繁。

先进科学技术的推广应用对降低损失、控制灾情都具有重要意义，在灾情处置、管理和决策等方面发挥巨大作用。在电网防汛抢险方面，各种新材料、新技术、新装备的研制和推广，有效提升了电网防汛中的汛情监测、排涝、封堵、挡水能力，提高了抢险效率，为汛情的预报、防洪设施建设、防汛部署、紧急抢险提供安全、高效的处置方案，以技防代替人防，将洪灾降低到最低，确保电网设备及人身安全。

8.1 防 汛 业 务 系 统

防汛业务系统通过对电网汛期的气象变化特点及防汛抢险案例分析，提出电网洪涝灾害发生的指标及判据，结合气象数据、地理信息要素修订，建立气象地理模型；结合气象地理模型和防汛抢险案例，利用神经元 SOM 网络模型绘制河南电网暴雨等级系列分布图，并基于 WebGIS 和切片地图技术搭建电网防汛预警信息服务平台。

河南电网气象预警系统现有功能主要包括气象信息、防汛专题、典型场景等模块。

8.1.1 系统首页

登录系统，首先展示的未来 3 天降雨、温度、风速等气象信息，逐小时自动播放，如图 8-1 所示。

图 8-1 气象预测信息自动播放

8.1.2 防汛专题

该功能包括一站（塔）一表、物资配置、防汛准备、防汛预警、站内监测等内容。

1. 一站（塔）一表

一站一表主要采用地图、图表等形式，展示防汛重点变电站分布情况、变电站基本信息、重点防汛杆塔分布情况、杆塔基本信息、防汛隐患、实时累积降雨量、未来 1h 降雨量等信息，如图 8-2 所示。

图 8-2 一站（塔）一表详细信息

2. 物资配置

该功能主要是对防汛物资仓库分布情况、物资详细信息进行管理和展示，可以查看防汛物资名称、库存数量、生产厂家、入库时间等信息。防汛物资配置详细信息如图 8-3 所示。

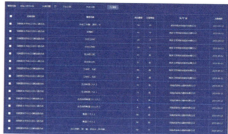

图 8-3　防汛物资配置详细信息

3. 防汛准备

主要展示变电站为做好防汛工作，采取的防汛能力提升措施，并且用"7·20"当日郑州市 24h 降雨实况进行防汛能力校核，验证变电站是否能抵御"7·20"降雨强度。变电站防汛准备信息和防汛能力校核如图 8-4 所示。

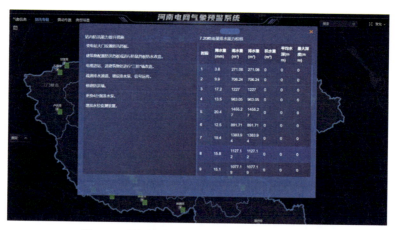

图 8-4　变电站防汛准备信息和防汛能力校核

4. 防汛预警

该功能旨在对变电站站内排水方式、排水能力、防汛物资，变电站围墙类型，以及站外地理环境、水文情况、土壤类型、地质结构等信息进行详细调研，并进行数据化处理后，构建变电站汛情预警模型，再结合降水预测预警信息，实现对不同变电站防汛分等级预警。变电站防汛预警信息如图 8-5 所示。

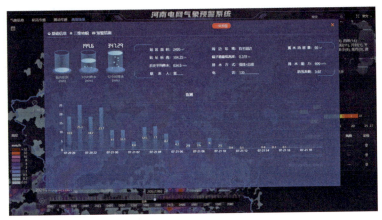

图 8-5　变电站防汛预警信息

5. 站内监测

该功能对站内视频监控系统、微气象和水位监测信息进行集成，在强降雨过程发生时，能够及时查看站内设备和站内积水情况，为防汛应急措施调整提供事实依据。站内视频和微气象监测信息如图 8-6 所示。

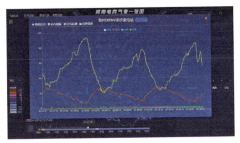

图 8-6　站内视频和微气象监测信息

8.1.3　典型场景

该功能是对每次强降雨过程的反演，主要用于防汛预警模型的优化、调整，不断提升预警准确率。"7·20"极端强降雨过程典型场景反演如图 8-7所示。

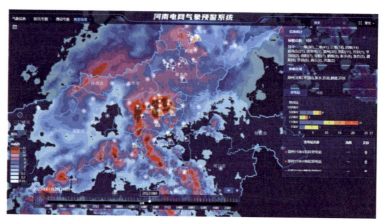

图 8-7 "7·20"极端强降雨过程典型场景反演

8.2 速凝膨胀水泥封堵技术

混凝土防渗墙在堤防、土坝等工程中有着广泛的应用。混凝土防渗墙渗透系数小，可截断流路、延长渗径、降低浸润线，可用于变电站电缆沟防渗、漏水封堵等，对堤防因渗水、管涌、裂缝、洞穴等造成的险情，能起到较好的防护作用。近些年，各地根据多年进行堤防加固的实践经验，相继开展了不同形式的地下连续墙施工新工艺、新机械、新材料方面的研究。

速凝膨胀水泥堵塞材料由速凝专用粉、膨胀剂和普通硅酸盐水泥组成。可用于构筑物的孔洞、裂缝及其他缺陷的修补抢护，也可用于各种地下工程渗漏水的封堵。速凝膨胀水泥技术指标见表 8-1。

表 8-1 速凝膨胀水泥技术指标

项目	凝结时间 /min		抗渗强度 /MPa	膨胀率	抗压强度 /MPa		抗折强度 /MPa	
	初凝	终凝			1h	1d	1h	1d
指标	2~4	5~7	>1.5	0.8%~1%	5.0	10.0	1.0	3.0

速凝膨胀水泥堵塞材料操作简单，使用方便，可用水直接搅拌和使用，也可制成大小不同的药卷备用。采用拌和方法堵水时，将该材料与水按 1∶0.45 的比例拌和均匀后，快速堵入漏洞或裂缝中并按压 2min 左右即可，这种方法用与较小的裂缝和孔洞渗漏水处理，效果较好。采用药卷堵漏时，药卷材料可

用透水性较好的土工布、棉布等制作，药卷的形状孔尺寸视漏洞大小调整。施工时直接将大小合适的药卷塞入漏洞即可。药卷堵塞法可用于江河大堤、水工建筑物洪水季节的孔洞漏水抢护及地下工程的涌水封堵。

该技术有着凝结时间短、早期强度高的特点，初凝时间为 2～4min，终凝时间不大于 7min，1 天抗压强度可达 10MPa。速凝专用粉与水泥水化产物氢氧化钙生成一种不溶于水的凝胶状结晶物质，这种物质呈悬浮状充填于水化结构的空洞中，可起到改善内部组织、提高密实性的作用。因此，与其他速凝材料相比，速凝膨胀水泥具有 28 天抗压强度不降低，密实性能好等特点，该技术在变电站电缆沟封堵、围墙封堵等方面具有较好的应用前景，能快速有效地应对突发应急的渗漏情况。

8.3　防　汛　装　备

8.3.1　智能监测设备

1. 超声波一体式微气象智能监测设备

超声波一体式微气象智能监测设备如图 8-8 所示，它采用先进的气象传感器，可实时采集风速、风向、温湿度、照度、雨雪量等关键气象数据，高效节省运维人员到站巡视时间，及时准确掌握天气条件进行数据分析，达到提前采取相应措施，能够最大限度降低甚至避免极端对电网的破坏的目的；还可以通过对历史气象数据分析，掌握电网设施小范围气象规律，对电力系统的生产安排、经济调度和安全运行都能起到十分重要的作用。超声波一体式微气象智能监测设备可在极低和极高气温下应用，通过一个高集成度结构来实现对气象参数 24h 连续在线监测，通过数字量通信接口将多种参数一次性输出给软件平台。具有高集成、磨损小、使用寿命长、响应速度快、设计灵活、安装方便等优点。

2. 智能水位监测设备

智能水位监测设备有投入式和雷达式等，如图 8-9 所示。

（1）投入式智能水位监测设备。采用先进电路处理技术，性能稳定、高灵敏度；采用 316L 不锈钢隔离膜片，适用于多种测量介质；反极性和过电压保

图 8-8　超声波一体式微气象智能监测设备

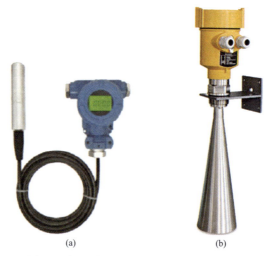

(a)　　　　　　　　　　　　(b)

图 8-9　投入式和雷达式智能水位监测设备

（a）投入式；（b）雷达式

护；抗冲击、防雷击设计；激光调阻温度补偿，零点、量程可现场调节；设备通过计算水位压力，精确测量水位深度，适用于电缆隧道容易积水位置，蓄水池水位精确监测等应用场景。测量数据及时上传数据平台，并提供其他系统扩展接口。

（2）雷达式智能水位监测装备。采用雷达水位计天线发射极窄的微波脉冲，这个脉冲以光速在空间传播，遇到被测介质表面，其部分能量被反射回来，被同一天线接收。雷达天线可以准确识别发射脉冲与接收脉冲的时间间隔，从而进一步计算出天线到被测介质表面的距离。设备安装在变电站或者配电室的地平面最低位置上方，可以精确测量水平位置的水位变化，及时上传数据平台，对运维人员进行预警告知。

8.3.2　交通工具

防汛物资的交通工具，仅考虑发生汛情时可安全快速地进出汛区的特殊交通工具，包括涉水车辆、橡皮艇、冲锋舟、水陆两栖车（船）、气垫船等。

1. 水陆两栖车

水陆两栖车结合了车与船的双重性能，是一种既可像汽车一样在陆地上行驶穿梭，又可像船一样在水上泛水浮渡的特种车辆，如图 8-10 所示。该种车辆的浮力以其密闭车体造成的必要排水量来保证。它采用车轮或履带直接划水，或用专门的水上推进器（螺旋桨或喷水推进器）驱动。由于其具备卓越的水陆通行性能，主要在可能引发内涝且地势较为平坦的区域配置。

图 8-10　水陆两栖车

2. 冲锋舟

冲锋舟如图 8-11 所示，主要在沿江、近湖的区域配置，作为抢险救援时的主要交通工具，具有航速快、体积小、操作灵活简便、便于运输等特点。冲锋舟可用于运送人员，如运送救援人员进入灾害区域开展救援工作，及时转移受灾群众、伤员；也可用于运送物资，如运送灾区急需的食品、饮用水、药品、帐篷、救生器材等。

图 8-11　冲锋舟

3. 橡皮艇

橡皮艇如图 8-12 所示，其种类繁多、型号各异，主要在用于日常涉水作业。橡皮艇的材质基本上可以分为橡胶材质和 PVC 材质两大类，有全充气式和硬底橡皮艇（RIBs）两种，一般在 30 英尺（约 9m）以内。

图 8-12　橡皮艇

8.3.3　排水物资

排水物资主要包含各类水泵，以及搭载水泵的各种排水设备。

1. 水泵

防汛抢险及防洪排涝中主要使用的大流量叶片式水泵有如图 8-13 所示的双吸泵离心泵和如图 8-14 所示的轴流泵及混流泵等。

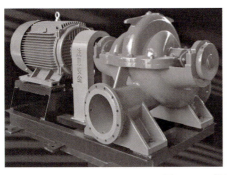

图 8-13　单级双吸离心泵

(a)　　　　　　　　　　　　(b)

图 8-14　轴流泵及混流泵

（a）轴流泵；（b）混流泵

　　泵是一种转换能量的机械，它把原动机的机械能转化为被抽送液体的能量，使液体使获得动能或势能。水泵品种系列繁多，对其分类也各不相同，按其作用原理可分为叶片式水泵、容积式水泵及其他类型的水泵等。在城镇及工业企业的给水排水工程中主要使用叶片式水泵，如离心泵、轴流泵、混流泵等，合理选择水泵必须了解各类水泵的性能及参数。

　　叶片式水泵的基本性能通常由流量、扬程、轴功率、效率转速、允许吸上真空高度及汽蚀余量等 6 个性能参数来表示。水泵厂通常会使用特性曲线来表示这 6 个性能参数之间的关系。在泵样本中，除了对该型号泵的构造、尺寸作出说明以外，最主要的就是提供一套表示各性能参数之间相互关系的特性曲线，这能使用户直观、全面地了解该泵的性能。

（1）流量（抽水量）。是指泵在单位时间内所输送的水量，用 Q 表示。常用的体积流量单位是 m³/h 或 L/s；常用的重量流量单位是 t/h。

（2）扬程（总扬程）。是指泵对单位重量（1kg）液体所做之功，也即单位重量液体通过泵后其能量的增值，用 H 表示。其单位为 kg·m/kg，也可折算成抽送液体的液柱高度表示（单位 m）；工程中用国际压力单位帕斯卡（Pa）表示。扬程是表征液体经过泵后比能增值的一个参数，如果泵抽送的是水，水流进泵时所具有的比能为 E_1，流出泵时所具有的比能为 E_2，则泵的扬程 $H=E_2-E_1$。那么，泵的扬程，也就是水比能的增值。

（3）轴功率。是指泵轴得自原动机所传递来的功率称为轴功率，以 N 表示。原动机为电力拖动时，轴功率单位以 kW 表示。

（4）效率。是指泵的有效功率与轴功率之比值，以 η 表示。单位时间内流过泵的液体从泵那里得到的能量叫作有效功率，以字母 N_u 表示。由于泵不可能将原动机输入的功率完全传递给液体，在泵内部有损失，这个损失通常就以效率来衡量。

（5）转数。泵叶轮的转动速度通常以每分钟转动的次数来表示，即转数，以字母 n 表示，常用单位为 r/min。各种泵都是按一定的转动速度来进行设计的，当使用时泵的实际转数不同于设计转数值时，则泵的其他性能参数（如 Q、H、N 等）也将按一定的规律变化。

（6）允许吸上真空高度（H_s）及汽蚀余量（H_{sv}）。

1）允许吸上真空高度（H_s）是指泵在标准状况下（即水温为20℃、表面压力为 1atm）运转时，泵所允许的最大的吸上真空高度，单位为 mH₂O。水泵厂一般常用 H_s 来反映离心泵的吸水性能。

2）汽蚀余量（H_{sv}）指泵进口处，单位重量液体所具有超过饱和蒸气压力的富余能量。水泵厂一般常用气蚀余量来反映水泵的吸水性能，单位为 mH₂O。气蚀余量在泵样本中也有以 Δh 来表示的。

图 8-15　高机动排水方舱

2. 高机动排水方舱

高机动排水方舱如图 8-15 所示。高机动排水方舱操作中无须多余人力，具有高度集成、快速排水、操作简单等优势。通过支点装卸平台将设备升起（可通过同步 / 异步控制队长支腿进行调节），将皮卡车，工程车等带尾箱的车辆倒进设备下方后，降下设备，落入车辆尾箱即可完成操作（卸车则相反操作）。由于该设备高度集成，将水泵、水带、变频柜、发电机组、电缆等必需品集合在一个方舱内，在使用时只需将设备载到作业点后卸车，将水泵及变频柜以及电缆和水带拿出连接好后将水泵放入抽水点，再启动设备发电机进行供电（也可使用市电进行供电）即可，十分方便。发电机输出的电会从设备到变频柜再从变频柜到水泵。使用变频柜可控制水泵启动以及调节水泵抽水量的大小。

3. 汽（柴）油水泵

由于电网设施汛期期间可能出现失电或不具备电源条件，建议在购置水泵时，配置具备汽（柴）油机驱动的水泵。此类水泵自带动力、功率高、排水量大，配置种类多样，驱动方式、功率、流量等均可选，是最常用的排水装备，可广泛用于电网设施各个部位、各种情况下的排水工作。常见的便携式汽（柴）油水泵如图 8-16 所示。

图 8-16 便携式汽（柴）油水泵

4. 潜水泵

潜水泵如图 8-17 所示，与普通的水泵不同之处在于它可长期潜入水中运行，而其他类型的水泵多在地面工作。潜水泵的特点是机泵一体化，目前国产潜水泵，按其用途可分为给水泵和排污泵；按其叶轮形式可分为离心式、轴流式及混流式等。

图 8-17　潜水泵

常见的潜水泵型号有 QG（W）和 QXG 等。其中 QG（W）系列潜水供水泵流量范围为 200～12000m³/h，扬程范围 9～60m，功率范围 11～1600kW。315kW 及其以下电动机采用 380V 电压，315kW 以上电动机采用 6kV 或 10kV 电压，为适应用户的不同使用条件，可提供导叶式出水（轴向）和蜗壳式出水（径向）两种泵型。

8.3.4　挡水物资

挡水物资指将外部来水阻挡在电力设备所在场地之外，或对重要设备进行遮盖防止进水的物品。防水挡板宽度根据建筑物大门宽度定制，高度可根据站所低洼程度，选择 0.5～1.5m 不等。防汛沙袋可单独使用或与防水挡板配合使用，可采取吸水膨胀袋代替，具体数量根据站所内需封堵面积测算。防雨布主要用于杆塔基础防护，按实际需求配置防渗堵漏材料，如吸水膨胀橡胶等，用于建筑物漏水裂缝、渗水坑的止水等，按实际需求配置。

1. 移动式防洪挡板（防洪墙）

移动式防洪板如图 8-18 所示，是专为防范瞬间发生的暴雨洪水而设计的，适用于坚硬平整的地面上快速阻水堵水，采用"L 型书挡原理"将迎面而来的洪水重量压制在挡板底部，将重量转化为压力，即便是洪水已达到挡板的顶部，隔板仍然可非常稳固地站立而不倾倒，水位越高挡水效果越牢靠。

图 8-18　移动式防洪挡板

2. 组合式铝合金防洪墙

组合式铝合金防洪墙由铝合金防洪挡板组合而成，其现场安装效果如图 8-19 所示。

图 8-19　组合式铝合金防洪墙安装现场效果

组合式铝合金防洪墙通过立柱下压杠杆迫紧装置作用而产生下压力对防洪挡板予以迫紧，并通过洪水自身对防洪挡板提供横向侧压冲击力，使防洪挡板上防水胶条之间及底部防洪挡板胶条与地面压紧，防洪挡板表面与固定边柱 / 中立柱上带翼防水胶条压紧，从而达成密封防水效果。防洪挡板每片有效防水高度为 200mm，宽度标准设置为 3000mm 或依据现场实际情况来设定，固定边立柱及可拆卸式中立柱高度依据防洪挡板高度来设定；防洪高度可达 2000mm 以上，具体安装需参照产品规定标准。

3. 新型吸水膨胀袋

新型吸水膨胀袋技术主要用于洪水堵漏、截流等紧急情况，可广泛应用于防洪抢险、堤坝漏洞、淹水浸溢，暗沟和暗洞的堵塞以及防洪堤坝的临时性加高、防水围墙等防汛工事临时构筑。该项防汛抢险技术在欧美、日本等地已经得到了广泛应用，其实际功效已经得到广泛认可。

吸水膨胀袋是一种运用最新的吸水材料作为填充物而制成的高科技产品，是用"高吸水树脂"人工合成的无毒无味、不融水、难燃烧的高分子聚合物，具有很高的吸水性。膨胀剂装在具有透水性能好的无纺布制作而成的外层袋内，当与水接触时，短时间内树脂溶胀且凝胶化，体积快速膨胀，重量快速增加。膨胀袋 2~3min 达到最大膨胀体积，可达原体积的 80~100 倍。在不同险情的抢护和险情所处的环境条件不同，所需用的膨胀袋体积也有所不同。吸水膨胀袋吸水前后对比如图 8-20 所示。

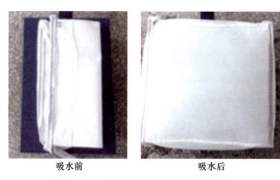

吸水前　　　　　　　　吸水后

图 8-20　吸水膨胀袋吸水前后对比

吸水膨胀袋在干燥时形似普通布袋，可以折叠储存，又可堆砌，避免了传统沙土袋使用前需大量准备沙石土块、使用中需要花费时间人力进行装填运输、使用后需要进行清理等缺点。吸水膨胀袋具有操作简单，携带方便，膨胀迅速，重量增加快，不需依赖沙土，劳动强度轻等特点，该技术的应用提高了电网设施的应急抗洪抢险的机动性和灵活性。

8.3.5　照明工具

应急照明设备根据搭载方式不同有机载照明设备、车载照明设备和单兵照明设备等；按光源类型又可分为卤素灯、金卤灯和 LED 等。为满足不同抢险救灾照明需求，目前市场上应急照明设备种类很多，如自动装卸移动照明灯塔、全方位自动升降工作灯、多功能移动照明平台、应急照明无人机、多功能车辆应急灯、车载遥控探照灯等。照明工具的选择主要考虑光源功率、连续工作时间、升降高度、防护等级、动力源等因素。

1. 移动照明灯塔

移动升降照明设备应具备较大的照明范围和较高的亮度，考虑防汛抗洪现场环境恶劣，照明设备应自带电源，照明工具配置数量根据各省所辖地域范围和防汛需求选择。

自动装卸移动照明灯塔如图 8-21 所示，可以用工程皮卡车运输，在日常抢修现场可自动装卸，燃料可用汽油，油箱容量大，连续工作时间长，最大升起高度可达 7m，灯头有多个 LED 光源，可根据现场需要开启其中任意一组光源组合进行照明，也可将灯头在大角度范围内调节旋转，实现多角度，大范围照明。

图 8-21　自动装卸移动照明灯塔

2. 应急照明无人机

应急照明无人机适用于夜间野外火灾抢险、地质灾害、交通事故、突发事件、水域搜救、地勤作业等事件提供大范围移动照明，如图 8-22 所示。

图 8-22 应急照明无人机

这里给出某品牌应急照明无人机主要设备参数供选用参考：①尺寸 138mm×87mm×60mm；②输出功率 750W；③输入电压 220VAC、50Hz；④升起高度 50m；⑤质量≤800g；⑥照明范围≥3000m^2；⑦导热系数 2W；⑧额定功率≥400W；⑨防护等级为 IP54；⑩工作温度为 −20～−45℃。

3. 个人照明设备

个人照明设备包括头灯、防水手电、小型应急照明灯具等，供人员巡视现场、进行小规模工作时使用。

8.3.6 个人防护用品

基本个人防护用品包括雨靴、雨衣、救生衣等。考虑汛期在电网设施内进行工作，可能出现漏电风险，应选择正规厂家生产的防水绝缘靴。

救生衣和连体衣裤一般在涉水较深的作业区域或出现较深积水导致地面情况不明时使用，以保障人员安全。救生衣应尽量选择红色、黄色等较鲜艳的颜色，一旦穿戴者不慎落水，可以让救助者更容易发现。在救生背心上应配置一枚救生哨子，便于落水者进行哨声呼救。

救生护腕主要用于溺水自救和施救，不充气状态时小巧轻便，不影响正常工作，充气后气囊为比人肩膀略宽，长条形，有安全锁，可脱卸，易于单手抱合，防旋转，也便于施救，伸出合适距离，如图 8-23 所示。

救生护腕有大小号可供选择，一般质量小于 200g。产品配备气瓶，气瓶冲液态压缩二氧化碳；瓶身钢制，表面做隔温处理，气瓶整体符合国际安规；紧急情况时开启，1～3s 即可使气囊瞬间充满气体。腕带一般选用硅胶材质，气囊使用双层复合材料，所有材料符合助浮器的安全要求，通过充气耐压、穿刺、表带拉力、浮力、摩擦、盐雾、耐热等方面的测试，确保使用过程中安全可靠。充气后可以在水中保持承受 120kg 体重的成年人 8h 的浮力。

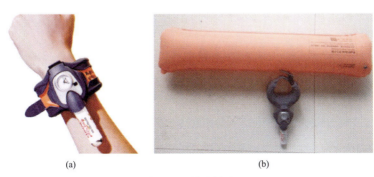

(a)　　　　　　　　　　　　　　(b)

图 8-23　救生护腕

（a）不充气状态；（b）充气后

8.3.7　通信工具

通信工具主要包括卫星电话和防水通信设备等。

1. 卫星电话

卫星电话主要用于发生较严重灾害情况下，移动通信中断情况下，通过基于卫星的通信系统来传输信息。

2. 防水通信设备

防水通信设备包括对讲机等，需要在开展防汛工作设备接触水的情况下可正常使用，主要考虑其防水性能。

8.3.8　辅助物资

辅助配套物资包括防汛工作中可能使用到的其他装备及物资，包括发电机、户外移动式配电箱、防雨篷布、电源盘、滞粘胶带（防水绝缘）、镀锌钢管、尼龙绳、镀锌铁丝、枕木（道木）、铁锤、撬棒、尖镐、手推翻斗车、圆头铁铲、方头铁铲、塑料水桶、木桩等，一般与防汛物资配合使用。